职业教育园林园艺类专业系列教材

园林植物景观设计

主　编　杨丽琼

副主编　肖雍琴　刘　鑫

参　编　侯庆莉　蒋跃军

　　　　彭玲莉　汪　源

　　　　马海天才　舒晓霞

主　审　阳　淑

机械工业出版社

本书根据当前社会对园林行业及其相关领域的岗位知识和技能要求编写，内容包括露地花卉的应用与设计、绿地景观植物造景设计、室内植物景观设计三大模块。每个模块都设置了若干具体的学习任务，并配有相应的实训项目。本书具有实用性强，内容形象生动，图文并茂的特点。

　　本书可作为职业院校园林工程技术、园林技术、园艺技术等专业的教材，也可作为相关专业技术人员学习的参考用书，以及成人教育园林类专业的培训材料。

　　本书配有电子课件及翻转课堂，选用本书作为授课教材的教师及自学者可通过扫本书封面的二维码进入课堂学习，也可登录 www.cmpedu.com 注册、查阅，或联系编辑（010-88379373）索取相关资料。此外，还可加入机工社园林园艺专家 QQ 群（425764048）交流讨论，索取配套资源。

图书在版编目（CIP）数据

园林植物景观设计/杨丽琼主编 . —北京：机械工业出版社，2017.6（2025.1 重印）

职业教育园林园艺类专业系列教材

ISBN 978- 7- 111- 57361- 6

Ⅰ.①园… Ⅱ.①杨… Ⅲ.①园林植物-景观设计-高等职业教育-教材 Ⅳ.①TU986.2

中国版本图书馆 CIP 数据核字（2017）第 165324 号

机械工业出版社（北京市百万庄大街 22 号　邮政编码 100037）
策划编辑：王莹莹　责任编辑：王莹莹
责任校对：王　延　封面设计：马精明
责任印制：单爱军
北京虎彩文化传播有限公司印刷
2025 年 1 月第 1 版第 9 次印刷
210mm×285mm·9.5 印张·277 千字
标准书号：ISBN 978- 7- 111- 57361- 6
定价：48.00 元

电话服务　　　　　　　　　网络服务
客服电话：010- 88361066　　机　工　官　网：www.cmpbook.com
　　　　　010- 88379833　　机　工　官　博：weibo.com/cmp1952
　　　　　010- 68326294　　金　书　网：www.golden- book.com
封底无防伪标均为盗版　　机工教育服务网：www.cmpedu.com

前　言

随着社会的发展，城市人口开始膨胀，用地变得紧张，环境逐渐恶化。园林植物景观的出现不仅为人们创造了优美舒适的生活环境，改善了日益恶化的人类赖以生存的生态环境，而且也满足了人们不断提高的审美需求，为人们的生活增添了欣赏自然美、陶冶情操的机会。园林植物景观是科学性和艺术性的高度统一，既满足了植物与环境的生态适应性，又通过艺术手法创造出意境美。因此，园林植物造景在人们的日常生活中变得非常重要。

根据教育部对职业教育人才培养工作的有关要求，结合我国目前职业教育中本课程教学的实际情况和行业对岗位能力的需求，编者重新整合了教学内容，突出专业技能的培养，编写了本书。

本书具有以下特点：

1. 知识点系统化，增强了相关课程的紧密联系

编者在内容和结构上进行了合理的筛选和安排，将传统学科体系中的《花卉的应用与设计》《园林植物造景》《室内植物装饰》《插花艺术》4门课程经过高度综合，基于工作过程设置了3个学习模块，将以上4门课程与园林植物景观相关的重要知识点整合在本书中，以期改善园林专业植物类课程数量多、内容烦琐、课程之间缺少关联且内容重复，导致教学重点不突出、教学效果差的状态。

2. 遵循理论知识"实用、够用、能用"的原则

本书尽量减少理论的空洞性，因此，在每个模块中都设置了若干具体的任务，每个任务后都设置了操作性强的实训项目。

3. 内容形象生动、图文并茂

在编写本书时收集了大量的精美图片，使理论知识更形象生动、通俗易懂。

4. 电子资源配套全面

根据本书的内容配备了精美的教学课件及翻转课堂等电子资源，方便教师教学和学生学习。

本书由杨丽琼任主编，肖雍琴、刘鑫任副主编；侯庆莉、蒋跃军、彭玲莉、汪源、马海天才、舒晓霞参编；阳淑主审。

本书编写过程中参考了大量的文献和资料，在此向相关作者和专家表示真诚的感谢！

由于编者水平有限，书中疏漏及不当之处在所难免，敬请广大读者批评指正。

编　者

目　录

模块1 露地花卉的应用与设计

任务1.1 知识准备

1.1.1 常见夏秋花坛植物

1. 一串红（图1-1）

【别名】爆竹红、象牙红、西洋红、墙下红

【科属】唇形科 鼠尾草属

【形态】多年生草本，常作一年生栽培。盆栽一串红株高25~30cm；地栽一串红株高约80~90cm。颜色有红色、白色、粉色、紫色。

【园林习性】开花整齐，花期较长，中等质感。喜阳光充足、温暖湿润气候，能耐早霜。花期5月—11月。可用摘花蕾的方式进行花期控制，开花期每摘花蕾一次可延迟花期10~15天。

【园林用途】盆栽一串红主要用于布置夏秋季节花坛，其中红色一串红能增添节日的喜庆气氛，常大面积布置，用于花坛背景，较高品种也可地栽用于花境。

2. 孔雀草（图1-2）

【别名】黄菊花、臭菊花、红黄草、小万寿菊

【科属】菊科 万寿菊属

【形态】一年生草本。株高30~40cm。颜色有黄色、橙色、橙红色。

图1-1 一串红

图1-2 孔雀草

【园林习性】开花整齐，花期较长，中等质感，能耐早霜。花期5月—11月。

【园林用途】孔雀草主要用于布置夏秋季节花坛，在花坛中常用作花坛主体图案布置，也可地栽用于花境。

3. 矮牵牛（图1-3和图1-4）

【别名】碧冬茄

【科属】茄科　碧冬茄属

【形态】多年生草本，常作一年生栽培。株高20～45cm，花单生，呈漏斗状。植株性状有：高性种、矮性种（图1-3）、丛生种、匍匐种（图1-4）、直立种；花型有：大花、小花、波状、锯齿状、重瓣、单瓣；颜色有白色、粉色、红色、紫色、蓝色、黄色等。

【园林习性】喜温暖，花期4月至降霜，温度适宜四季可开花。花期防雨淋能延长观花期。

【园林用途】矮性种主要用于布置夏秋季节花坛，匍匐种主要用于吊篮，可垂盆欣赏，也可地栽用于花境。

图1-3　矮性种矮牵牛

图1-4　匍匐种矮牵牛

4. 鸡冠花（图1-5和图1-6）

【别名】鸡冠头、鸡髻花、鸡公花等

【科属】苋科　青葙属

【形态】一年生草本。矮生品种株高15～30cm，高生品种株高可达1m以上，有头状鸡冠花（图1-5）与羽状鸡冠花（图1-6）之分。

【园林习性】喜炎热干燥气候，不耐寒，花期7月—10月。生长期应及时抹去侧芽，使顶生花朵大。生长期及时防虫害。羽状鸡冠花植株低矮，花色丰富，颜色有红色、橙色、粉色、白色、黄色。

【园林用途】矮生品种盆栽用于夏秋花坛，高生品种地栽用于花境。

图1-5　头状鸡冠花

图1-6　羽状鸡冠花

5. 四季海棠（图 1-7）

【别名】四季秋海棠、蚬肉海棠等

【科属】秋海棠科　秋海棠属

【形态】多年生草本。株高 15 ~ 30cm。

【园林习性】温度适宜，四季可开花，但常作一年生栽培。颜色主要有红色系和白色。

【园林用途】开花整齐，质感细腻，花坛效果极好，可作模纹花坛、立体花坛等。

6. 洋凤仙（图 1-8）

【别名】非洲凤仙、新几内亚凤仙等

【科属】凤仙花科　凤仙花属

【形态】多年生草本，常作一年生栽培。

【园林习性】不耐干旱，忌暴晒，较耐荫，颜色丰富。

【园林用途】开花整齐，花期长，花坛效果极好，矮性品种可作立体花坛、模纹花坛等，匍匐种可作垂直绿化。

图 1-7　四季海棠　　　　　　　　　　　　　　图 1-8　洋凤仙

7. 彩叶草（图 1-9）

【别名】洋紫苏、锦紫苏等

【科属】唇形科　鞘蕊花属

【形态】多年生草本，观叶，老株常木质化，分枝少，园林景观中常作一年生栽培。

【园林习性】喜温性植物，适应性强，冬季温度不低于 10℃，夏季高温时稍加遮荫，喜充足阳光，光线充足能使叶色鲜艳。

【园林用途】彩叶草可配置图案花坛、花钵，也可作为花篮、花束的配叶使用。

8. 百日菊（图 1-10）

【别名】对叶菊、秋罗等

【科属】菊科　百日草属

【形态】一年生草本，株高 30 ~ 100cm，颜色有红色、白色、黄色。

【园林习性】喜温暖、不耐寒、性强健、耐干旱、耐瘠薄、忌连作。根深茎硬不易倒伏，宜在肥沃深土层土壤中生长。

【园林用途】花大色艳，开花早，花期长，株型美观，可按高矮分别用于花境、花坛等，也常用于盆栽。

图 1-9　彩叶草　　　　　　　　　图 1-10　百日菊

1.1.2　常见冬春花坛植物

1. 三色堇（图 1-11）

【别名】猫儿脸、蝴蝶花等

【科属】堇菜科　堇菜属

【形态】二年生草本，株高 15～25cm。颜色有杂色的和纯色的，纯色有黄色、蓝色、白色、紫色、红色。

【园林习性】喜凉，耐严寒，不耐暑热，可露地越冬，花期 2 月—4 月。

【园林用途】开花整齐，花期长，大量用于"春节"花坛、立体花柱、花钵等。不同颜色的纯色品种可组合图案。

2. 羽衣甘蓝（图 1-12）

【别名】叶牡丹、花包菜等

【科属】十字花科　芸薹属

【形态】二年生草本，株高 20～30cm，观叶植物。颜色有纯白色、淡黄色、紫色。

【园林习性】极耐寒，不耐涝。可露地越冬，观赏期 1 月—4 月。

【园林用途】叶片形态美观多变，色彩绚丽如花，大量用于冬春花坛，因株形整齐，可用于花坛主体图案造型、花柱等。

图 1-11　三色堇　　　　　　　　　图 1-12　羽衣甘蓝

3. 金盏菊（图 1-13）

【别名】金盏花、长生菊等

【科属】菊科　金盏菊属

【形态】二年生草本，株高 30～60cm，颜色为黄色和橙红色。

【园林习性】喜光，极耐寒。

【园林用途】大量用于冬春季花坛、花钵，长梗大花品种可用于切花。

4. 雏菊（图 1-14）

【别名】春菊、马兰头花等

【科属】菊科 雏菊属

【形态】多年生草本，常作二年生栽培。株高 10～20cm，颜色有红色、粉色和白色。

【园林习性】喜冷凉气候，忌炎热，喜光，又耐半荫，对栽培地土壤要求不严格。

【园林用途】花朵整齐，质感细腻，花期长，耐寒能力强，是早春地被花卉的首选，可用于花坛、花境等。

图 1-13 金盏菊　　　　　　　　　　图 1-14 雏菊

5. 欧洲报春（图 1-15）

【别名】欧洲樱草、德国报春、西洋樱草等

【科属】报春花科 报春花属

【形态】多年生草本，常作二年生栽培，株高约 20cm。花色艳丽丰富，颜色有大红色、粉红色、紫色、蓝色、黄色、橙色、白色等，一般花心为黄色。

【园林习性】喜温凉、湿润的环境，不耐高温和强光直射，也不耐严寒。

【园林用途】适合生长在林缘、溪畔、草地上，成丛或成片栽植用于花坛。

6. 石竹（图 1-16）

【别名】中国石竹、石竹子花等

【科属】石竹科 石竹属

【形态】多年生草本，常作二年生栽培，株高 20～35cm。颜色有红色、粉色和白色 。

【园林习性】耐寒、耐干旱，不耐酷暑。

【园林用途】花色艳丽，花期长，适合用于花坛。

图 1-15 欧洲报春　　　　　　　　　　图 1-16 石竹

1.1.3 常见花境植物

按照花境植物在花境中的空间层次不同，可将花境植物分为背景、中景、前景三个层次（图1-17）。总的原则是把最高的植株种在后面做背景，最矮的植株种在前面或四周做前景。但是如果盲目遵循这个原则，整个花境则会一览无余，索然无味，所以，在花境营造时可适当地把一些高茎植物前移，这样花境就显得层次分明又错落有致了。根据花境植物在花境中担当的角色不同，把花境植物分为以下几类：群花繁茂类、高茎类、低矮匍地类、观赏草类、阔叶类、花灌木类。

图1-17 花境植物的三个层次

1）群花繁茂类：构成花境前景和中景的主体材料。

常见品种有：郁金香、虞美人、八仙花、金鸡菊、百日菊、矢车菊、荷兰菊、紫茉莉、萱草、天竺葵、落新妇、鸢尾、鼠尾草、紫娇花、香彩雀、金鱼草、蓍草、花毛茛、波斯菊等。另外，大多数一二年生草本花卉属于群花繁茂类，也是构成花境前景和中景的主体材料。

2）高茎类：花境中的点睛之笔，往往是一些具有穗状花序的高茎植物在花境中是视觉的焦点。

常见品种有：毛地黄、大花飞燕草、羽扇豆、千屈菜、蜀葵、醉蝶花、大花葱、波斯菊（高）、松果菊、金光菊、穗花婆婆纳、百子莲、火炬花、柳叶马鞭草等。

3）低矮匍地类：在花境前景中用于镶边或填充空隙。

常见品种有：三叶草、红花酢浆草、紫叶酢浆草、美女樱、佛甲草、葱兰、风信子、中华景天、堆心菊、丛生福禄考等。另外，低矮的一二年生草本花卉也常用于花境镶边或填充空隙。

4）观赏草类：让花境增添野趣、回归自然的最好材料，同时也是与其他植物形成对比的极好元素。

常见品种有：蒲苇、花叶芦竹、芒草（细叶芒、晨光芒、斑叶芒）、细叶针茅、画眉草（丽色画眉草）、拂子茅、乱子草、狼尾草、苔草、阔叶吉祥草、石菖蒲、旱伞草等。

5）阔叶类：宽大的叶片能与其他材料形成对比，使花境呈现更柔和协调之美。

常见品种有：美人蕉、一叶兰、玉簪、朱焦、竹芋、变叶木、花叶良姜、肾蕨、八宝景天、龟背竹、春羽、海芋、矾根等。

6）花灌木类：花境背景的主要材料，中景的点缀材料。

常见品种有：木绣球、山茶、喷雪花（珍珠梅）、杜鹃、曼陀罗、栀子、千层金、海桐、大叶黄杨、小叶黄杨、变叶木、南天竹、火棘等。

任务 1.2 花坛的应用与设计

1.2.1 花坛的概念

花坛是指在有一定几何形轮廓线的范围内，按照一定规则栽种多种花卉或不同颜色的同种花卉，使其发挥群体美的一种布置方式。其所要表现的是花卉群体的色彩美以及由花卉群体所构成的图案美。

1.2.2 花坛的特点

1）通常具有几何形状。
2）主要表现花卉组成的图案纹样或华丽的色彩美，不表现花卉个体的形态美。
3）多以时令花卉为主，或点缀姿态优美的乔灌木，或直接由低矮的木本植物修剪而成。

1.2.3　花坛的功能

花坛的功能主要有：美化和装饰环境、标志和宣传（图 1-18）、分隔和屏障（图 1-19）、组织交通（图 1-20）。

图 1-18　花坛的标志和宣传功能　　　　图 1-19　花坛的分隔和屏障功能　　　　图 1-20　花坛的组织交通功能

1.2.4　花坛的分类

1. 根据表现主题分类

（1）花丛式花坛（盛花花坛）（图 1-21）　花丛式花坛（盛花花坛）以观花的一二年生草本花卉为主，表现花盛开时的色彩或组成的图案。

（2）模纹花坛　模纹花坛以低矮的观叶或花叶兼美植物组成精致复杂的图案纹样，模纹花坛可分为以下三种类型：

1）毛毡式（图 1-22）。花坛表面细致平整，宛如一块华丽的地毯。

2）浮雕式（图 1-23）。通过修剪或配植高度不同的植物，形成表面纹样凹凸分明的浮雕效果。

3）彩结式（图 1-24）。模仿绸带编成的绳结模样，图案纹样粗细基本一致，并以草坪、时令花卉或卵石为底色。

图 1-21　由雏菊组成的花丛式花坛　　　　　　图 1-22　毛毡式模纹花坛

图 1-23　浮雕式模纹花坛　　　　　　　图 1-24　彩结式模纹花坛

（3）标题花坛　标题花坛是指由植物组成各种文字、图徽等。

（4）混合花坛　混合花坛是指不同类型花坛相结合或花坛与水景、雕塑等结合而形成的综合花坛景观。

2. 根据平面位置分类

（1）平面花坛　平面花坛的表面与地面平行，观赏其平面效果，外轮廓多为规则的几何体。常用于环境较为开阔的城市出入口及市内广场，一般情况下，以大面积草坪作陪衬。

（2）斜面花坛（图1-25）　斜面花坛设于斜坡、缓坡或建筑台阶两旁。

（3）立体花坛（图1-26）　立体花坛是将枝叶细密的植物材料布置在具有一定结构的立体造型骨架上，形成的一种花卉立体装饰，时常用于城市的重要路口或主要道路交叉口。一般情况下，立体花坛用于表现重大节日庆典的浓缩氛围及刻画大型活动的标志物。

图1-25　斜面花坛

图1-26　立体花坛

3. 根据组合方式分类

（1）独立花坛（图1-27）　独立花坛又叫单体花坛，做主景，常布置在广场中央、街道或道路的交叉口、建筑正前方，一般是对称的几何形。花坛中央可以用雕像、喷泉、乔木或立体花坛做中心。

（2）花坛群　花坛群是由多个单体花坛组成的不可分割的构图整体，表现一个主题。各花坛排列组合是对称的，具有构图中心。构图中心可以是独立花坛、水池、喷泉、纪念碑、雕塑等。

（3）连续花坛群　连续花坛群由多个花坛成直线排列成一行，组成一个有规律的不可分割的构图整体，常布置于道路两侧或宽阔道路、广场的中央，可以用两种或三种不同的个体花坛交替演进。整个花坛可以有起点、高潮、结束。在起点、高潮和结束处常用水池、喷泉或雕塑来强调。如昆明世博园中花园大道上的连续花坛群，以世纪花钟为起点，通过花溪、花船、花海、花柱等造型花坛展开，以花开新世纪雕塑为高潮，最后以终点上的大型观赏温室结束整个花坛群。

图1-27　独立花坛

1.2.5　花坛对植物材料的要求

1）花丛式花坛。要求花期一致，开花繁茂，花色鲜明而艳丽，多为观花一二年生草本花卉。

2）模纹花坛及立体花坛。要求植株低矮，分枝密，发枝强，耐修剪的，草本或木本植物均可，如五色草等。

3）适合做独立花坛中心的植物材料。要求株型圆整，花叶兼美或姿态优美，如加纳利海枣、散尾葵、苏铁、棕竹、棕榈、蒲葵等。

4）适合做花坛边缘的植物材料。要求低矮，株丛紧密，稍微匍匐或下垂更佳，如三色堇、雏菊、半枝莲等。

1.2.6　花坛的设计

1. 花坛的设计原则

1）立意在先。确定花坛应表现的主体思想。
2）以花为主。花始终是构成花坛的主体材料。
3）合理组织空间。
4）考虑尽量降低成本。
5）考虑植物的生态习性。

2. 花坛与环境的关系

（1）花坛与周围环境的对比关系　在空间构图上，平面展开的花坛应与周围的建筑物、乔灌木等形成一定的立体层次，错落有致；在色彩方面，花坛与周围建筑、地面铺装、植物的色彩搭配既有层次又协调美观。

（2）花坛与周围环境的协调与统一关系　花坛的外部轮廓应大致与周边环境轮廓相一致，如与广场、道路等的形状相一致；花坛的风格和装饰纹样应与周围环境的性质、风格、功能等相协调。

3. 花坛的平面布置

作为主景的花坛外形应对称，设置在构图的轴线上，如广场中央等；作为配景的花坛常设置在主景主轴的两侧，主要目的是强调主景，如道路两侧、建筑或大型雕塑的基础旁等。在广场上设计花坛时，花坛大小一般不超过广场面积的1/5～1/3，做主景的花坛长宽比例一般不超过3，做镶边的花坛长宽比例一般超过4，宽度不超过1m。平地上花坛面积越大，图案变形越大，四面观赏花坛可使中央隆起成为向四周倾斜的斜面，在斜面上布置图案；单面观赏花坛常设在30°～60°的斜面上。

4. 花坛的内部图案纹样设计

花丛式花坛图案纹样应主次分明、简洁美观；模纹花坛纹样应丰富精致，但外形轮廓应简单。花坛常用图案纹样有云卷类、花瓣类、星角类、文字类、标志类等；花坛中图案纹样的粗细，一般五色草类花坛纹样大于5cm，草本花卉花坛纹样大于10cm，灌木组成的花坛纹样大于20cm。

5. 花坛的色彩设计

在不强调图案的花丛式花坛中，同一色调或近似色调的花卉种在一起，易给人柔和、愉快的感觉；在强调醒目图案的花坛中，常用对比色相配；白色花卉常用于衬托其他颜色花卉；花坛应有主调色彩，配色不宜太多；应根据四周环境设计花坛主色调，如公园、景区等为烘托气氛应选择暖色花卉做主体，使人感觉鲜明、活跃；办公楼、图书馆、医院等应选择淡色花卉做主体，使人感到安静、幽雅；花坛设计时应考虑花坛背景的颜色。

6. 花坛的设计图

（1）总平面图　一般以1:1000～1:500的比例画出花坛周围建筑物边界、道路分布、广场平面轮廓及花坛的外形轮廓。

（2）花坛平面图　较大的花丛式花坛以1:50的比例、精细模纹花坛以1:30～1:20的比例画出花坛的平面布置图及内部纹样的精确设计。

（3）立面图　单面观赏花坛及几个方向图案对称的花坛只需画出主立面图；非对称式图案，需有不同立面的设计图。

（4）说明书　说明书包括对花坛的环境状况、立地条件、设计意图及相关问题进行说明。

（5）植物材料统计表　植物材料统计表包括植物的品种名称、花色、数量、规格（株高、冠幅等），在季节性花坛中，还要标明花坛在不同季节的代替花卉。

1.2.7　天安门广场"国庆"花坛30年变迁

天安门广场是祖国首都北京的心脏地带，是世界上最大的城市中心广场。广场于1986年被评为"北京十六景"之一，景观名为"天安丽日"。从1986年开始，每年都会围绕当年我国经济、社会发展的新特点来设计、布置广场中心主题大型花坛，供人们观赏。30年间花坛变迁分为3个时代：平面花坛时代（1986—1991年）、喷泉花坛时代（1992—2007年）、立体造型时代（2008—2015年）。

1. 平面花坛时代（1986—1991年）

1）1986年，首次在天安门广场摆花，共用花10万盆，广场中央建起直径60m、高3m的以大松柏为主景的大花坛。6个巨大的花瓣由花坛中心向外辐射，每个花瓣长25m、宽11m、花心由50多盆龙柏球组成。广场东、西、北三面摆有37个花坛，中心花坛南面有8个8m²的鱼池，鱼池东侧有高7m、长16m的黄色金龙，西侧有用菊花做的3m多高、16m长的"孔雀开屏"，周围配置柚子、石榴、橘子等观果植物。

2）1987年，天安门广场共用10万盆鲜花摆大小花坛38个，象征新中国成立38周年。中央花坛四周分别摆设"南湖灯光""延安宝塔""万里长城""姐妹情思"四个造型花坛（图1-28）。其中，"姐妹情思"取材于台湾省民间传说，造型周围多用南方产的植物加以陪衬，其中有原产台湾的金苞花与彩叶草。

3）1988年，天安门广场用了40多种、8万多盆各色鲜花组成19个花坛。广场中部的主花坛为"二龙戏珠"，由两个巨龙花坛和一个名为"龙舟竞渡"的圆形水景花坛组成，巨龙长30m、高8m，用3000株黄菊花扎制而成。寓意中国人民在改革开放的关键时刻，将以龙腾虎跃的姿态为新时期伟大任务而努力奋斗。

4）1989年，新中国成立40周年，天安门广场共摆7个花坛，面积3500m²，用花8.5万盆，占广场面积3%。广场中心是高7m、长40m的坡面花坛，北坡是"葵花向阳"图案，南坡为飘扬的国旗图案（图1-29）。

图1-28　1987年花坛

图1-29　1989年花坛

5）1990年，花坛的主题是庆祝新中国成立41周年和亚运会。中心大花坛为直径50m、高5m的牡丹花凸面花坛（图1-30）。周围有11组新型容器组成的小花坛，象征11亿中国人民庆祝第十一届亚运会的胜利召开。吉祥物花坛共两级，分别为手持鲜花和手持金牌的亚运会吉祥物"盼盼"的立体造型花坛。

6）1991年，广场中心花坛是高6.3m、直径60m的立体红色五角星光芒四射的造型，象征56个民族的花环摆放在五角星的周围（图1-31），体现各族人民大团结，共同建设繁荣富强的社会主义中国。

图1-30 1990年花坛

图1-31 1991年花坛

2. 喷泉花坛时代（1992—2007年）

1）1992年，天安门广场中心由17万盆鲜花摆成15组大型花坛，直径60m，中间是由324个喷头组成的喷泉（图1-32）。这是首次用喷泉构建花坛。

2）1993年，天安门广场花坛中心直径62m，花坛中心是巨大的人造喷泉（图1-33）。周围有四处花坛，象征着改革开放的春天，祖国繁花似锦。

图1-32 1992年花坛

图1-33 1993年花坛

3）1994年，天安门广场共布置大型花坛8组，花坛以"团结奋进，振兴中华"为主题，摆花25万盆，创历年花坛高度、坚固度、难度、体量之最。中心喷泉花坛直径60m，各种喷头2300个，水下彩灯222盏，主喷高30m，水面直径40m（图1-34）。喷泉可变化"团结奋进""四海欢腾""节日礼赞""日新月异"4种图案，由计算机远程操控。

4）1995年，花坛布置以"喜庆、欢快、祥和"为主题，将20余万盆鲜花组成8组花坛。"气象万千"中心喷泉花坛直径60m，喷身高度20m，由1423个喷头组成"喷薄日出""壮志豪情""春满人间""歌舞升平"4种水景图案（图1-35）。围绕中心花坛的四角是"万紫千红""山花烂漫""锦绣河山""丰收景象"等艺术性较强的造景花坛。

图1-34 1994年花坛

图1-35 1995年花坛

5）1996年，整个广场布置大型花坛8组，"欣欣向荣"中心花坛北侧有两组"普天同庆""喜迎回归"花坛，此两组花坛为高8m、直径3.8m的六边形巨型宫灯，轴心是香港回归的画卷，预示着1997年的香港回归（图1-36）。

6）1997年，为庆祝党的十五大在北京召开和新中国成立48周年，广场花坛布置以"欢庆、热烈、祥和"为主题。"万众一心"中心花坛直径68m，围绕巨型喷泉主花坛分布15个小型喷泉，并增加灯饰，各水池间用如意花卉图案相连接（图1-37）。

图1-36 1996年花坛

图1-37 1997年花坛

7）1998年，广场中央为"万众一心"中心喷泉花坛，设计围绕传统的花坛布景格局，突出了每个花坛具有一定特色主题的创意思想，在构思上力求创新，烘托整体"欢乐、喜庆、祥和"的节日气氛（图1-38）。

8）1999年，新中国成立50周年，由于国庆大阅兵活动的需要，天安门广场不再另设花坛，于10月2日开始以34辆大型彩车为主景，象征全国31个省、直辖市、自治区及香港特别行政区、澳门特别行政区和台湾省欢聚一堂，普天同庆。远洋大厦前的"新世纪"号花船，象征中华民族扬帆远航。

9）2000年，继续采用传统布局形式，突出"万众一心"主题喷泉花坛（图1-39），其四角各设一个主题造景花坛，中山像两侧各设一灯箱组字花坛，以"庆祝中华人民共和国成立51周年""把建设有中国特色社会主义事业全面推向新世纪"标语为内容。

图1-38 1998年花坛

图1-39 2000年花坛

10）2001年，广场花坛继续采用"一大四小"的传统布局形式，突出"万众一心"中心喷泉花坛，中心花坛直径72m，中心水池直径30m，喷泉水柱最高达18m，寓意中华儿女在中国共产党领导下万众一心、奋勇前进，表达了全国人民对北京成功举办2008年奥运盛会充满信心。

11）2002年，"万众一心"中心喷泉花坛共摆放30万盆鲜花，分为"万众一心""走向未来""共创明天""光辉历程""锦绣中华"5个主题花坛（图1-40）。

12）2003年，广场花坛设计方案一改往年"一大四小"的传统布局，采取画卷花坛的形式，在"万众一心"主花坛（图1-41）（花坛直径72m，是天安门广场曾经出现过的最大的花坛）和广场两侧长140m、宽30m的绿地上，有两幅山水画卷，东侧画卷以长江三峡为主景，西侧画卷以长城为主景，展示"众志成城共铸中华辉煌，与时俱进谱写绚丽篇章"的最新主题，体现出浓郁的民族特色。

图 1-40　2002 年花坛

图 1-41　2003 年花坛

13）2004 年，直径 72m 以"万众一心"为主题的中心主花坛占地面积为 12000m²，花坛用花约 30 万盆（图 1-42）。它的东西两侧分别是"神州腾飞继往开来中华更辉煌"和"巍巍宝塔大河奔流江山多锦绣"两组画卷式花坛和灯箱组字花坛。

14）2005 年，花坛总面积 11000m²，中心为"万众一心"主题喷泉花坛（图 1-43），在中山像两侧设立灯箱组字花坛。东侧花坛主题为"海纳百川万众一心共圆奥运梦"，西侧花坛主题为"天高云淡山青水碧和谐九州风"。

图 1-42　2004 年花坛

图 1-43　2005 年花坛

15）2006 年，广场"万众一心"中心花坛直径为 60m，中心水池直径 30m，主喷泉喷高 38m，周边花坛呈螺旋式分布，极具动感（图 1-44）。东侧花坛主题为"吉祥福娃一路欢歌迎奥运"，西侧花坛主题为"山清水秀九州新貌展宏图"，主造型包括三峡大坝、布达拉宫和青藏铁路等。

16）2007 年，广场中心花坛依旧采用"万众一心"为主题，喷泉花坛的直径为 60m。以"渊源共生、和谐共融"为主题的祥云图案紧紧围绕在中心喷泉四周（图 1-45），寓意"祥云"将北京奥运会吉祥、祥和的信息传递到全世界。东西两侧分别是以"同一个世界，同一个梦想，喜迎奥运盛会"和"同一个家园，同一个愿望，共谱和谐篇章"为主题的画卷式花坛。

图 1-44　2006 年花坛

图 1-45　2007 年花坛

3. 立体造型时代（2008—2015 年）

1）2008 年，第 29 届奥运会在北京举行。广场中心花坛是比往年简单的宫灯花坛，不过却开创了立体花坛造型时代的先河（图 1-46），中心花坛东面是"同一个世界同一个梦想"花坛，中心花坛西面是残奥会吉祥物福牛和奥运吉祥物五个福娃的运动造型花坛。

2）2009 年，广场中心花坛首次使用花篮，花篮占地 1200m²，直径 40m，由一个巨型花篮和"如意"形花坛组成，花篮顶高 14.9m，采用 10 万盆鲜花装饰而成（图 1-47）。

图 1-46　2008 年花坛

图 1-47　2009 年花坛

3）2010 年，广场中心摆放大型"牡丹"花坛，整体设计以"花开盛世"为主题，广场中心呈现巨型"牡丹"，中心花坛直径 50m，共耗费 40 万盆鲜花（图 1-48）。花坛首次使用激光发射器，夜晚可以在水幕上看到变换的字样和图像。

4）2011 年，广场中心花坛主景是一只喜庆的大红灯笼，灯笼上嵌着"中国结"，底部衬托着由花草组成的祥云图案，南北两侧分别立有"1949～2011""祝福祖国"等字（图 1-49）。

图 1-48　2010 年花坛

图 1-49　2011 年花坛

5）2012，广场中心花坛以"祝福祖国"为主题，以喜庆的花篮为主景。花坛直径 50m、顶高 15m，以红、黄两色为主打，花篮外围环绕着花草组成的祥云图案（图 1-50）。同时，主花坛设有灯光效果，即便是夜间游赏，也能清晰地看到"花容"。

6）2013 年，广场中心花坛以"祝福祖国"为主题，首次以花果篮的形式布置并首次引入 3D 裸眼技术。主景观"花果篮"篮盘直径达 15m，中心花坛直径达到 50m，是天安门广场历年最大的花篮（图 1-51）。"花果篮"以清代画家丁亮光的作品为灵感来源，结合传统水墨画手法，篮体上绘制的竹林代表"祝"，篮盘外侧雕刻的蝠纹代表"福"，篮中花团锦簇、硕果累累，表达了富贵吉祥、平安幸福等美好寓意。

7）2014 年，广场中心花坛花篮效果更好，白天看花，夜间有灯，为保证效果首次使用 3D 打印技术，整个花篮完成后直径达 50m，篮盘直径 15m，顶高 15m，非常有气势（图 1-52）。篮体增加了"中国结"图案，四周嵌有"中国梦"字样，均为灯箱效果，突出强调祝福祖国、实现中国梦的美好意愿。与 2013 年的传统花篮留白式插花不同，2014 年的花篮仪式感更强，采用西式插花，繁复美丽。

图 1-50 2012 年花坛

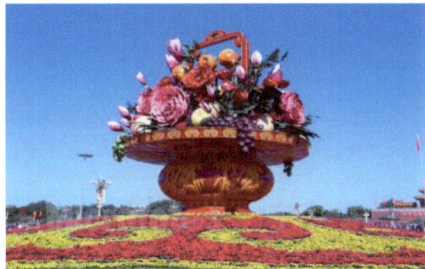

图 1-51 2013 年花坛

8）2015 年，广场中心花坛直径 50m，花篮直径 15m、顶高 16m，篮体上有牡丹浮雕（图 1-53）。虽然花篮造型多次使用，但是每年都有所创新。"大花篮"在花材选取上首次采用了中国传统十大名花以及向日葵、百合等 12 种花卉，夜间将采用激光投影灯。最大花卉直径 2.9m，所有花朵用的都是防水防火布，花瓣采用彩色打印和喷绘技术两种工艺制作。花篮篮体使用现代玻璃钢雕塑制作工艺，上面有牡丹浮雕，与此前传统的古建筑工艺相比精度更高，浮雕和色彩效果都更加突出。2015 年为了迎接中国人民抗日战争暨世界反法西斯战争胜利 70 周年纪念活动，北京市园林绿化局已经把往年 9 月份开始的国庆花卉布置工作提前到 8 月下旬完成。国庆期间，人民英雄纪念碑一侧原有的长城主题花坛依然维持原貌，只是把"1945"和"2015"立体字去掉了，长城主题花坛总占地 3000m^2，两组花坛每组东西长 60m，南北宽 25m，使用龙柏、叶子花、油松等大型植物 3000 株、小型花卉 7 万盆、景观石及仿真景观石 1200m^2。

图 1-52 2014 年花坛

图 1-53 2015 年花坛

【课后训练】完成实训项目一

实训项目一 花坛的应用与设计

一、实训目的

学生通过训练学习和掌握花坛的特点及设计的方法和步骤，能独立进行花坛设计图的绘制。

二、实训场所与工具材料

实训场所：校内外某处指定场所。

实训工具：A4 图纸、铅笔、针管笔、橡皮擦、圆规、直尺、三角板、彩笔等。

三、实训内容与方法步骤

1. 实地调查、测量，拟定花坛草图

到预设地点了解周围环境，确定花坛的位置、大小、形状及内部构图，花坛的特征、分类及作用，

用笔简单勾勒出草图。

2. 花坛植物选择

根据调查了解的情况和花坛草图选择花坛用花的种类、品种、花色等。

3. 花坛设计图绘制

根据常见花坛的图案、色彩、植物等设计原则，绘制花坛设计图，并写出设计说明。绘制花坛设计图可按以下步骤进行：

（1）环境总平面图　环境总平面图应标出花坛所在环境的道路、建筑边界线、广场及绿地等，并绘出花坛平面轮廓。根据面积大小有别，通常可选用1∶100或1∶1000的比例。

（2）花坛平面图　花坛平面图应标明花坛的图案纹样及所用植物材料。如果用水彩或水粉表现，则按所设计的花色上色，或用写意手法渲染。绘出花坛的图案后，用阿拉伯数字或符号在图上依纹样使用的花卉，从花坛内部向外部依次编号，并与图案的植物材料统计表相对应。表内项目包括花卉的中文名、拉丁学名、株高、花色、花期、用花量等。若花坛用花随季节变换需要轮换，也应在平面图及材料统计表中予以绘制或说明。

（3）花坛立面图　花坛立面图用来展示及说明花坛的效果及景观。花坛中某些局部，如造型物等细部必要时需绘出立面放大图，其比例及尺寸应准确，为制作及施工提供可靠数据。立体阶式花坛还可绘出阶梯架的侧剖面图。

（4）设计说明书　设计说明书包括简述花坛的主题、构思，并说明设计图中难以表现的内容，文字应简练，也可附在花坛设计图纸内；对植物材料的要求，包括育苗计划、用苗量的计算、育苗方法、起苗、运苗及定植要求，以及花坛建成后的一些养护管理要求。

四、实训成果要求

每位实训学生必须编写实训报告，其格式和内容如下：

1）封面：实训名称、时间、班级、编写人和指导教师姓名。

2）目录。

3）图纸内容：绘出设计图纸（平面图、立面图、局部效果图及设计说明书等），将图纸装订成册。

五、考核内容和考核方法

序号	评分项目	评分标准	分值	得分
1	环境总平面图	应标出花坛所在环境的道路、建筑边界线、广场及绿地等，并绘出花坛平面轮廓，花坛空间布局合理（15分）。根据实际面积大小，比例合理（5分）	20	
2	花坛平面图	精确画出花坛的图案纹样（15分）。绘出花坛的图案后，用阿拉伯数字或符号在图上依纹样使用的花卉，从花坛内部向外部依次编号，并与图案的植物配置表相对应（5分）。按所设计的花色上色，或用写意手法渲染，色彩搭配合理（10分）	30	
3	花坛立面图	能充分展示及说明花坛的效果及景观（5分）。花坛中某些局部，如造型物等细部必要时需绘出立面放大图（5分）。其比例及尺寸应准确，为制作及施工提供可靠数据（5分）	15	
4	设计说明书	简述花坛的主题、构思，并说明设计图中难以表现的内容，文字应简练，也可附在花坛设计图纸内（10分）。对植物材料的要求，包括育苗计划、用苗量的计算、育苗方法、起苗、运苗及定植要求，以及花坛建成后的一些养护管理要求（5分）	15	
5	植物材料统计表	表内项目包括花卉的中文名、拉丁学名、株高、花色、花期、用花量等。若花坛用花随季节变换需要轮换，也应在表中注明替代花卉（10分）。植物选择充分考虑植物的生态习性，花期一致，表达花坛图案效果好（10分）	20	

任务 1.3 花境的应用与设计

1.3.1 花境的概念

花境指模拟自然界林地边缘地带多种野生花卉交错生长的状态而设计的一种花卉应用形式。花境是人们参照自然风景中野生花卉在林地边缘地带的自然生长状态，经过艺术提炼而设计的自然式花带。一般选用低矮花灌木、露地宿根花卉、球根花卉及一二年生花卉，常栽植在树丛、绿篱、栏杆、绿地边缘、道路两旁及建筑物前，呈自然式种植。它们是根据自然界林地边缘处野生花卉自然散布生长的景观，加以艺术提炼而应用于城市绿化中的植物造景作品。花境是花卉应用于园林绿化的一种重要形式，它追求"虽由人作，宛自天开""源于自然，高于自然"的艺术手法。

1.3.2 花境的类型

1. 依设计形式分

（1）单面观赏花境　单面观赏花境指在道路或建筑旁多以绿林作为背景，整体上前高后低，仅供一面观赏的花境（图1-54）。

（2）双面观赏花境　双面观赏花境多设在道路、广场和草地中央，植物种植总体上以中间高两侧低为原则，可供两面观赏（如图1-55）。

图 1-54　单面观赏花境

图 1-55　双面观赏花境

（3）对应式花境　对应式花境指在道路两侧对应的两个花境（图1-56）。

2. 依种植材料分

（1）灌木花境　灌木花境全由灌木组成，一般以观花、观叶或观果且体量较小的灌木为主。

（2）宿根花卉花境

（3）球根花卉花境

（4）混合花境　混合花境由灌木和多年生花卉、草本花卉组成。

（5）专类花境　专类花境由叶形、色彩、株高等不同的同一类花卉组成（图1-57）。

（6）旱溪花境　旱溪花境是由卵石与各种花境植物搭配仿造自然界中干涸的河床两边野生花卉交错生长的旱溪景观（图1-58、图1-59）。

图1-56 对应式花境

图1-57 专类花境

图1-58 旱溪花境一

图1-59 旱溪花境二

1.3.3 花境的设计

花境并不仅仅是草花的自然式种植，而是草花和木本花卉的有机结合。更重要的是，花境作为城市绿化景观的重要组成部分，应该与整体的环境空间相协调统一，花境的种植设计要考虑与周边环境尤其是附近的乔、灌木的关系，巧妙地与之结合可以使景观融为一体，或者使花境个体表现更为突出，取得更好的效果，给人以完整的感受和印象。在具体布置时应根据整体的构思，结合周围整体环境的开合、疏密、通透的关系，对花境种植范围的大小、栽种的形式、植株的疏密和高矮及色彩的搭配等方面仔细推敲，并与建筑小品、山石、水体、园路等有机结合，使两者相互衬托，构成具有自然生态情趣的景观环境。

1. 花境的植物设计

1）多选择适应性强，当地自然条件下生长强健且栽培管理简单的多年生花卉。

2）花境若处于半荫环境，宜选用耐荫植物。应注意花境的朝向不同，光照条件不同。另外，花境中背景及高大植物可造成局部的半荫环境，这些位置应选用耐荫植物。

3）注意高茎类、花灌木类、群花繁茂类、低矮匍地类、阔叶类花境植物的合理搭配，使花境层次分明且错落有致。

2. 花境的色彩设计

在狭小的环境中用冷色调组成花境，有空间扩大感；夏季，花境使用冷色调的蓝、紫色系花，易给人带来凉意（图1-60）；冬春，花境使用暖色调的红、橙色系花，可给人暖意；避免在较小的花境中使用过多的色彩而产生杂乱感；白色和黄色花卉能提亮色彩，当花境的色彩比较单一时可以适当用其点缀（图1-61）。

3. 花境的季相设计

理想的花境应四季有景可观，寒冷地区可做到三季有景；设计时考虑同一季节开花的花卉分散布置于花境各处，保证花境中开花植物连续不断。

图 1-60　冷色调花境

图 1-61　花境中的白色和黄色花卉能提亮色彩

4. 花境的平面设计

花境是以自然式的花丛为基本单位构成的,各花丛大小并非均匀;花后叶丛景观差的植物面积宜小些,可在其前方配置其他花卉给予遮挡,一些重点植物可以种在最重要的位置上;应将主花材植物分为数丛种在花境不同位置,使景观连续不断;多年生植物应布置得空疏些,然后根据季节填充一二年生花卉;花境边缘可有镶边植物或卵石等装饰,但要求美观自然。

5. 花境的立面设计

总体上是单面观的花境前低后高,双面观的中央高两边低,但整个花境中前后应有适当的高低穿插和掩映,才可形成错落有致自然丰富的景观效果。结合花相构成的整体外形,立面设计时注意高茎类、花灌木类、群花繁茂类、低矮匍地类、阔叶类花境植物的合理搭配,使花境层次分明且错落有致。

6. 花境的大小设计

花境不宜过宽,要因地制宜,要与背景的高低、道路的宽窄成比例,一般而言,单面观混合花境宽 4～5m,单面观宿根花境宽 2～3m,双面观花境宽 4～6m。植株高度一般不高过背景,如在建筑物前一般不高过窗台。为了便于观赏和管理,花境不宜离建筑物过近,一般要距离建筑物 40～50cm。花境过长时可设计成 2～3 个单元交替演进,每段长度以不超过 20m 为宜,段与段间可设置 1～3m 的间歇地段用来设置座椅或其他园林小品。

7. 花境的设计图

(1)总平面图　总平面图常以 1:500～1:100 的比例绘制花境周围建筑物、道路、草坪及花境所在位置。

(2)花境平面图　花境平面图常以 1:50～1:20 比例,以花丛为单位用流畅的曲线表示出花丛的范围,在每个花丛范围内编号或直接标明植物名称。另附表罗列整个花境的植物材料,包括名称、株高、花期、花色及数量。

【课后训练】完成实训项目二

实训项目二　花境的应用与设计

一、实训目的

通过训练让学生学习和掌握花境的特点及设计的方法和步骤,能独立进行花境设计图的绘制。

19

二、实训场所与工具材料

实训场所：校内外某处指定场所。

实训工具（手工、计算机均可）：A4图纸、铅笔、针管笔、橡皮擦、圆规、直尺、三角板、彩笔等。

三、实训内容与方法步骤

1. 实地调查、测量、记录和画草图

分析教师给出的指定场所的室外环境特点，根据花境的特征、分类及作用决定选用何种类型的花境。

2. 选择花境植物材料

3. 花境设计图绘制

根据常见花境的图案、色彩、植物等设计原则，绘制花境设计图并写出设计说明。

（1）花境位置图　花境位置图用平面图表示，标出花境周围环境，如建筑物、道路、草坪及花境所在位置，依环境大小可选用1∶100～1∶500的比例绘制。

（2）花境平面图　花境平面图要求绘出花境边缘线、背景和内部种植区域，以流畅曲线表示，避免出现死角，以求近似种植植物后的自然状态。在种植区内编号或直接注明植物，编号后需附植物材料统计表，包括植物名称、株高、花期、花色等。可选用1∶50～1∶100的比例绘制。

（3）花境立面图　花境立面图可以一季景观为例绘制，也可分别绘出各季景观。选用1∶100～1∶200的比例皆可。

（4）设计说明书　设计说明书包括简述创作意图及管理要求等，并对图中难于表达的内容作说明。

四、实训成果要求

每位实训学生必须编写实训报告，其格式和内容如下。

1）封面：实训名称、时间、班级、编写人和指导教师姓名。

2）目录。

3）图纸内容：绘出设计图纸（平面图、立面图、局部效果图及设计说明书等），将图纸装订成册。

五、考核内容和考核方法

序号	评分项目	评分标准	分值	得分
1	花境位置图	标出花境周围环境，如建筑物、道路、草坪及花境所在位置，空间布局合理（15分）。根据实际面积大小，比例合理（5分）。	20	
2	花境平面图	绘出花境边缘线、背景和内部种植区域，以流畅曲线表示，避免出现死角，以求近似种植植物后的自然状态（15分）。在种植区内编号或直接注明植物，编号后需附植物材料统计表，包括植物名称、株高、花期、花色等（15分）。按所设计的花色上色，或用写意手法渲染，色彩搭配合理（10分）	40	
3	花境立面图	可以一季景观为例绘制，也可分别绘出各季景观。能充分展示及说明花境的效果及景观（10分）。花境中某些局部，如造型物等细部必要时需绘出立面放大图（5分）。其比例及尺寸应准确，为制作及施工提供可靠数据（5分）	20	
4	设计说明书	简述创作意图及管理要求等，并对图中难于表达的内容作说明	20	

任务 1.4 花卉的组合盆栽设计

目前，随着生活水平的提高，人们对花卉的需求也越来越高，单一品种的盆栽花卉因为过于传统及色彩单调，已经满足不了市场的需求，花卉组合盆栽因此应运而生。一些经过精心构思、寓意深刻、色彩绚丽的组合盆栽，在各地花市越来越受欢迎。组合盆栽就是通过艺术配置的手法，将多种观赏植物同植在一个容器内，如图 1-62 和图 1-63 所示。组合盆栽观赏性强，近年来在欧美和日本等地相当风行，在荷兰花艺界还有"活的花艺、动的雕塑"之称，在国外已经达到消费鼎盛时期，而在我国还处于起步阶段。随着社会的发展，花卉组合盆栽有望成为今后花卉业的主流产品之一。

图 1-62 组合盆栽一

图 1-63 组合盆栽二

1.4.1 组合盆栽的原理

在花卉的组合盆栽技术中，植物的生长特性是制约组合盆栽选材的一个主要因素，这对盆栽作品的整体外观、水肥管理以及病虫害防治都是十分重要的。如果制作之前没有考虑所用花材的开花时间、花期长短、光照及水肥需求等因素，那绝不可能完成一件成功的作品。因此，要按照组合盆栽的生命周期，预留好各种植物的生长空间。植物与相关配材是组合盆栽的主角，选择植物配材时需要考虑的因素有四项：相容性、形态搭配、色彩质感搭配及象征意义。

1. 相容性

要想使一件组合盆栽作品的观赏寿命能在 1 个月以上，首先要考虑植物配材的相容性。

（1）按光照需求分类 组合盆栽中应用的观赏植物，以其在生长过程中对光照的需求，分为全日照、半日照及耐荫植物三大类。全日照植物需要光照度比较强（如香冠柏、垂叶榕、天竺葵、变叶木及各种阳生草花等）；半日照植物需要中等光照（如大花蕙兰、蝴蝶兰、发财树、凤梨科植物等）；而耐荫植物则对光照的需求较低（如竹芋、袖珍椰子、蕨类、粗肋草等）。

（2）按水分需求分类 例如，彩色马蹄莲和白色马蹄莲虽同属天南星科，但前者怕涝后者喜水，将这两种植物组合就不合适。再例如，多浆类植物及有气生根的植物则不需太多水分，而有些植物如仙客来、杜鹃及草花类植物则必须天天浇水。这就要求花艺师熟悉各种植物的生理特点，在选择组合植物时，这些因素都要考虑进去。

2. 形态搭配

植物的外形轮廓是植物和自然生长条件相互作用后所产生的，亦包含人为处理因素影响其形态、生长方向、密度、甚至植株大小。根据植物配材的造型可将组合盆栽分成以下几类。

（1）填充型　填充型指茎叶细致、株形蓬松丰满，可发挥填补空间、掩饰缺漏功能的植物，如波士顿肾蕨、黄金葛、白网纹草、椒草等。

（2）焦点型　焦点型指具有鲜艳的花朵或叶色，株形通常紧凑，叶片大小中等的植物，在组合时发挥引人注目的重心效果，如观赏菠萝、非洲堇、报春花等。

（3）直立型　直立型指具有挺拔的主干或修长的叶柄，高挑的花茎植物，可作为作品的主轴，表现亭亭玉立的形态，如竹蕉、白鹤芋、石斛兰等。

（4）悬垂型　悬垂型指具有蔓茎或线型垂叶的植物，适合摆在盆器边缘，叶向外悬挂，增加作品的动感、表现活力及视觉延伸效果，如常春藤、吊兰、蕨类等。

在进行组合盆栽创作时，要从不同的角度对植物反复观察，把植物形态最完美的一面以及最佳的形态展现出来。植物除了外形多变，其尺寸变化差距大，也是组合盆栽令观赏者感到新鲜和惊奇的地方。

3. 色彩质感搭配

观叶植物的组合盆栽要强调植物色彩斑纹的变化，利用植物叶片颜色的深浅，将同色系、质地类似的多种植物或品种混合配植，来强化作品的色彩。而制作观花植物组合盆栽选定主花材时，一定要有观叶植物配材，颜色交互运用，也可采用对比、协调、明暗等手法去表现，使作品活泼亮丽，呈现视觉空间变大的效果。不同植物色彩及质感的差异，能提高作品的品位，使作品更加耐人寻味。例如，夏季用白色或淡黄色特别清爽，春季用粉色系特别浪漫柔情。深浅绿色的观叶植物搭配组合香花亦十分高雅，如圣诞节欢愉的红与绿色、春节喜事的大红色等都可以作为设计的主调。但色彩对比的变化要有共通之处，不宜全同或全异。

4. 象征意义

运用植物的象征意义，可增强消费者购买组合盆栽的愿望。例如，蝴蝶兰象征高贵、祥和；大花蕙兰象征幸福、快乐；凤梨象征财源广进，用这些花卉来做组合盆栽的主花材，适于节日送礼。金琥有辟邪、镇宅之功效；而绿萝、吊兰、虎尾兰、一叶兰、龟背竹是天然的清道夫，可以减少空气中的有害物质，特别是在对付甲醛上颇有功效，用这些植物做组合盆栽的主花材，适于贺乔迁新居。

1.4.2　组合盆栽的步骤

1. 确定主题品种

要想制作一件令人满意的组合盆栽作品，首先要确定主题品种。一个作品上可能会用到多种花卉，但突出的只有一两种，其他材料都是用来衬托这个主题花材的。主花的颜色也奠定了整个作品的色彩基调，而这一切的选择都是和制作目的、用途及所摆放的场合密不可分的。一般应把主景植物放在容器中央或在容器长的2/3处，容器深度需大于植物根团、体积不超过整体组合作品的1/3～1/2，然后再配置一些陪衬植物，也可留有空隙铺一些卵石、贝壳加以点缀。容器边缘也可种植蔓生植物垂吊下来，遮掩容器边框。选择摆放组合盆栽的位置时，要考虑植物最终高度不可遮掩，以免造成阻挡。容器尺度最好依摆放的位置长度量制，塑料盆可加木框或金属架构保障安全。

2. 盆器的选择与应用

盆器的选择与应用方法也很重要，应该根据设计组合盆栽的目的，参照盆器本身的材质、形状、大小，摆放位置与周围环境的协调性和种植植物种类等综合因素来选取盆器，以达到整体统一、和谐共融的美感效果。一般来说，组合盆栽容器的材质和色调的选择要与周围环境相协调，如传统的建筑风格适合用红土陶盆、木料或石材；而白色或有色塑料、玻璃纤维、不锈钢盆器则适用于现代化的建筑风格。

此外,多个组合盆栽的再组合及其所反映的季节特性也都是值得注意的地方。制作花园式组合盆栽时,装有基质的木桶、藤竹制容器及铁、锌、铝等薄的金属容器在两年左右会腐朽,使用这些材质制作的容器时,应特别注意防腐及防锈处理,最好移放到隐秘处或换容器改种。持久性容器则仍需随季节更新并栽种草花等短期植物以保持缤纷的色彩。

3. 装饰物及配件的巧妙运用

组合盆栽的装饰物及配件的运用必须以自然色为根本原则。它们的应用具有强化作品寓意和修饰的功能,尤其是情景式、故事性的设计,如搭配大小适宜的偶人、模型有助于故事画面的具体化,但必须注意它们之间的比例,以免过于突出或失真。

4. 创作手法多样

在创作手法上目前有造园园艺手法、花艺手法、礼品包装手法和架构式手法。各种创作手法的运用也需要从创作目的上来考虑。例如,为西式餐厅创作组合盆栽桌花,就可以用花艺手法和架构手法,并运用西式插花花艺风格创作;用于开业或庆典的组合盆栽,则要根据场合、气氛以及摆放位置综合考虑设计手法和风格;古典装修风格的房间可以摆放优美的观叶植物或者蕨类植物组合盆栽;现代建筑室内摆放小叶植物组合盆栽相当迷人;若作为日常馈赠礼物,也可采用礼品包装手法,即将组合盆栽用包装纸或羽毛、丝绸等点缀装饰,彰显华丽美观。

【课后训练】完成实训项目三

实训项目三　花卉组合盆栽技术

一、实训目的

本实训通过对花卉品种的选择、基质的调配、盆器的选择、色彩搭配、种植设计和点缀装饰材料的配置等环节的实践,加强学生的动手能力、设计能力以及分析问题的能力。本实训将理论与实践操作紧密结合,将多学科知识综合起来,将设计的意图变为现实,对激发和培养学生的学习热情具有很好的促进作用,为培养学生的创新能力打下良好基础。通过对花卉组合盆栽的操作,掌握花卉组合盆栽的方法及要点,并能应用于花卉生产与花艺设计。

二、实训工具

实训工具:枝剪、盆具、装饰材料、石头、数码照相机等

三、实训内容与方法步骤

1. 要求

1)制订组合盆栽实验方案:查阅相关资料,研究组合盆栽的特点,构思组合盆栽方案。

2)考虑组合盆栽的科学性:考虑植物的生物学习性,选择搭配植物的相互关系,确定植物种类构成。

3)考虑组合盆栽的艺术性:考虑植物色彩搭配、体量(规格)及配置。

4)考虑增加组合盆栽科学性和艺术性的辅助配置:研究盆具、装饰材料和置石等。

2. 步骤

1)植物材料准备根据组合盆栽设计的要求,选择不同色彩、不同规格的花卉植物材料。

2）盆具准备。根据组合盆栽设计的需要，选择适宜形状、适宜大小和适宜颜色的盆具。

3）培养土的准备。采用基质栽培的种植形式，首先配制好所需要的培养土，注意其配方、pH 值和 EC 值，适合不同种花木同栽一盆的要求。

4）组合盆栽种植。注意不同花卉材料的配置，探讨各种配置方式的美学效果和不同花卉种类的生态和谐性。

四、实训成果要求

1）每 6 人一组分组进行，每组选择相应的花卉植物进行一组盆栽组合。

2）要求学生严格按照要点进行操作，并在规定时间内按要求操作完成。

3）操作结束后，做好场地清理工作。

五、考核内容和考核方法

序号	评分项目	评分标准	分值	得分
1	花卉品种的选择	是否考虑植物的生物学习性，选择搭配植物的相互关系，确定植物种类构成	20	
2	培养土的准备	配制好所需要的培养土，注意其配方是否适合不同花木同种在一个盆的要求	20	
3	色彩搭配	色彩搭配是否与环境及盆器相协调	20	
4	种植设计和点缀装饰材料	植物组合是否具有创新性、艺术性，盆器边缘装饰是否得当	40	

模块2 绿地景观植物造景设计

任务 2.1 知识准备

2.1.1 园林植物的美学特性与欣赏

1. 植物的形态美

园林植物种类繁多，有的苍劲雄伟、有的婀娜多姿、有的古朴奇特、有的俊秀飘逸、有的挺拔刚劲、有的情影婆娑，可谓千姿百态。每一种植物都有着自己独特的形态特性，经过合理搭配，就会产生与众不同的艺术效果。植物的形态美可以通过植物的大小（或者高矮）、植物的外形以及植物的质感等参数加以描述。园林植物的树形由树干、树枝、树叶、花果所组成，其形成各种轮廓线给人以不同的艺术感受，树形上部即树冠是园林植物的主要观赏部分。树冠随季节、特性变化繁多，故在植物配置上往往占有一定重要因素。在园林绿化植物配置中常常运用树冠线的变化使景色层次增加，丰富园林景观。在园林规划和建筑设计中常常需要掌握树冠轮廓，配置各种园林植物。其上半部由枝叶组成的。

（1）乔木　在开阔空间中，多以大乔木作为主体景观构成空间的框架，中小型乔木作为大乔木的背景，所以在植物配置时需要首先确定大乔木的位置，然后再确定中小乔木、灌木等的种植位置。中小型乔木也可以作为主景，但经常应用于较小的空间。乔木树形的种类大致如下。

1）主干直立，有中央领导干的乔木。

①圆柱形。中央领导干较长，上部有分枝，主枝贴近主干，如黑杨、加杨等。

②塔形。主枝平展，主枝从基部向上逐渐变短变细，如雪松、冷杉、落羽杉、南洋杉（图2-1）。

③圆锥形。主枝向上斜伸、树冠紧凑丰满，呈圆锥体，如桧柏、水杉、圆柏（图2-2）。

不同的外形特征给人的视觉感受是不同的，比如圆锥形、圆柱形、塔形的植物是向上的符号，能够通过引导视线向上，给人以高耸挺拔的感觉，在植物造景中这类植物如同"惊叹号"，常常成为瞩目的对象。

④倒卵形。中央领导干较短，至上部也不突出，主枝向上斜伸，树冠丰满，如深山含笑、千头柏、樟树、广玉兰等。

⑤棕榈形。棕榈形植物具有热带情调，大型的掌状叶给人以素朴的感觉；大型的羽状叶给人轻快、洒脱的感觉。它们因外形奇特，是植物景观中的"明星"。如棕树、蒲葵、槟榔、酒瓶椰子（图2-3）、旅人蕉（图2-4）。

图2-1　塔形南洋杉

图2-2　圆锥形圆柏

图2-3　酒瓶椰子

图2-4　旅人蕉

⑥风致形：主枝横斜伸展，如油松、枫树、梅树等。

2）中央领导干不明显，或主干直立但至一定高度即分枝。

①卵圆形。如悬铃木、玉兰等。

②圆头形。如元宝枫、栾树、馒头柳等。

③平顶伞形。如合欢、千头赤松等。

④垂枝形。主枝虬曲，小枝下垂，如垂柳、龙爪槐、龙爪柳等。垂枝类型者常形成优雅和平的气氛。

（2）灌木类　灌木无直立主干，呈丛生状，主要有以下几种：

1）圆球形。如黄刺玫、玫瑰等。园林植物中有很多适合修剪成球形的植物，如小叶女贞、红花檵木、海桐、金叶女贞、大叶黄杨、雀舌黄杨等。

2）卵形。如西府海棠、木槿等。

3）垂枝形。如迎春、连翘、金钟花等。

4）匍匐形。如铺地柏、迎春、爬墙虎等。

5）攀援形。如金银花、紫藤、葡萄、凌霄等。

一般来说，圆球形的灌木多有素朴、浑实之感，最适宜种植在树木群丛的外缘或装点草坪、路缘及屋基种植。圆球形植物体量虽小，但在植物景观设计中起着举足轻重的作用。

由于灌木给人的感觉并不像乔木那样突出，而是一幅"甘居人后"的样子，所以在配置乔灌木组合造景时，灌木往往作为背景或衬托其他乔木。当然灌木并非就不能作为主景：

① 各种类型的灌木与园林小品或建筑配合组景时，也可成为主景。

② 一些低矮灌木由于有着美丽的色彩，常被修剪成植物模纹，在景观中也会成为瞩目的对象，成为主景（图 2-5）。

③ 一些灌木由于有着美丽的花色、优美的姿态，在景观中也会成为瞩目的对象，成为主景。如图 2-6 所示，尽管草坪上这处植物景观由红花继木球组成，但因其色彩、形态的与众不同仍然成为视觉的焦点。

图 2-5　红花继木与金叶女贞

图 2-6　草坪上的红花继木球

（3）树木的人工造型　除上述各种天然生长的树形外，对枝叶密集和不定芽萌发力强的树种，可采用修剪整形的办法将树冠修整成人们所需要的形态，如枝叶密集的小叶黄杨、小叶女贞、毛叶丁香、桧柏、圆柏、龙柏等，可修剪成球形、立方形、梯形、钟形等；种成绿篱的树种，可修剪成圆弧形、立方形等。图 2-7 和图 2-8 中的龙柏经过修剪造型后，具有浓厚的现代气息。

树形可随环境因素而变化，一般生长情况正常者，皆能保持其原有特征的树形。相反则会影响其树形变化，如密植的植物长大后如不及时稀疏保持一定株距，则会使其相互生存竞争，体形变得瘦长，原来是球形的会变形。此外，树冠的疏密度也会影响其体量轻重和观赏效果，树冠稀疏透光的如银杏、柳树、桃树等，密集透光差的如云杉、圆柏、珊瑚树等。

图 2-7　钟形的龙柏

图 2-8　圆环形的龙柏

（4）树根　树根是园林植物的立地"基础"，一般深入地下，由主根、侧根、次根组成根系。

有些树根除起到固定树木、吸收肥料水分作用外，还有观赏价值。如榕树的气生根从主干或者侧干上的树冠下垂，有如纱帘异常奇特；松树根可穿于岩缝之间，与石块山林组合成为佳景。树根依其深入土壤程度的不同，分为深根性树种，如马尾松、榉树、冷杉；还有浅根性树种，如柳树、白杨、洋槐、悬铃木、樱花等。根蔓之状态有盘曲如龙状，姿态奇趣，富有一定的观赏价值。有些树木根部还有各种药用价值。

（5）花

1）花姿。花为植物主要的生殖器官、专用于传粉及配偶，故通常有鲜艳的颜色及芳香气味。在植物的配置中，往往要考虑各种树木开花的形状和颜色。花的观赏价值、经济价值都十分高。植物不同，开花也不同，各种植物之花，虽形状不同、颜色各异、大小有别，但其基本构成均为花梗、花瓣、雄蕊、雌蕊、子房。

园林植物的花朵，有各种各样的形状和大小，而且在色彩上更是千变万化，这就形成了不同的观赏效果。早春开放的白玉兰硕大洁白，犹如白鸽群集枝头；初夏开放的珙桐、四照花，如鸽似蝶的苞片在风中飞舞；小小的桂花则带来了秋天的甜香；蜡梅和梅花的凌霜傲雪，使得人们坚定了等待春天的信念。

花姿有以形大取胜的大丽菊、绣球花、荷花、广玉兰等；有以形怪取胜的荷包花、吊钟海棠、吊兰；有条状连续花序的连翘、紫薇、丝兰；有整株全面开花的梅、桃，其观赏效果各不一样；也有先叶后花的，如白玉兰，在种植配置中就应考虑利用常绿树作为背景借以衬托。

2）花相理论。将花或花序着生在树冠上的整体表现形貌特称为花相。园林树木的花相，从树木开花时有无叶簇的存在而言，可分为两种形式：

① 纯式，指在开花时，叶片尚未展开，全树只见花不见叶的一类，故曰纯式。

② 衬式，指在展叶后开花，全树花叶相衬，故曰衬式。

现将树木的不同花相分述如下：

① 独生花相。本类较少、形较奇特，如苏铁类。

② 线条花相。花排列于小枝上，形成长形的花枝。由于枝条生长习性之不同，有呈拱状花枝的，有呈直立剑状的，有略短曲如尾状的，等。简而言之，本类花相大抵枝条较稀，枝条个性较突出，枝上的花朵成花序的排列也较稀。呈纯式线条花相者有连翘、金钟花等；呈衬式线条花相者有珍珠绣球、三桠绣球等。

③ 星散花相。花朵或花序数量较少，且散布于全树冠各部。衬式星散花相的外貌是在绿色的树冠底色上，零星散布着一些花朵，有丽而不艳、秀而不媚之效，如珍珠梅、鹅掌楸、白兰等。纯式星散花相种类较多，花数少而分布稀疏，花感不烈，但亦疏落有致，若于其后能植有绿树背景，则可形成与衬式花相相似的观赏效果。

④ 团簇花相。花朵或花序形大且多，就全树而言花感较强烈，每朵或每个花序的花簇能充分表现其特色。呈纯式团簇花相的有玉兰、木兰等，属衬式团簇花相的可以大绣球为典型代表。

⑤ 覆被花相。花或花序着生于树冠的表层，形成覆伞状。属于本花相的树种，纯式有绒叶泡桐、泡桐等，衬式有广玉兰、七叶树、栾树等。

⑥ 密满花相。花或花序密生全树各小枝上，使树冠形成一个整体的大花团，花感最为强烈。如榆叶梅、毛樱桃、火棘等。

⑦ 干生花相。花着生于茎干上。此类不多，大抵产于热带湿润地区，如槟榔、枣椰、鱼尾葵、山槟榔、木菠萝、可可等。生长在华中、华北地区的紫荆，亦能在较粗老的茎干上开花，但难与典型的干生花相相比拟。

总之，园林植物的主干、枝条的形状、树皮的结构、根的裸露，都是千姿百态、各具特色的。在园林植物配置中，利用枝干的特点可创造出许多不同的优美景观。另外，园林植物裸露的根也是我国人民自古以来的喜好之一。在露根上，效果较为突出的树种有松、榆、楸、榕、蜡梅、山茶、银杏、鼠李、广玉兰、落叶松等。

因此，在园林植物的配置中，掌握和熟悉园林植物的基本形态和外部形态，便于我们在植物的配置中更好地使植物的观赏性得到充分的发挥，有利于在绿地植物配置中满足观赏和其他功能上的要求。组成园林植物外部形态的树冠、树枝、树叶、树根、花朵等，每一部分都有其自身独特的观赏性，只要我们运用得恰如其分都能够发挥其积极有效的作用。

2. 植物的色彩美

（1）叶的色彩　叶色是植物重要的观赏特征之一。园林植物一般都是不同深浅的绿色，常绿针叶树多显深绿色，阔叶树多显黄绿色或深绿色。多数树木春天叶呈黄绿，夏天叶呈深绿或灰绿，秋天叶呈黄色或红色。叶色的变化取决于气候、季节、叶绿素、叶黄素、胡萝卜素等，如槭类、紫薇、枫香、柿树、樟树、银杏等都具有很高的观赏性。还有些园林植物具有双色叶，如红背桂叶面是深绿色、叶背呈紫红色；银白杨叶面呈绿色、叶背是银白色或银灰色。

叶片的颜色具有极大的观赏价值，根据叶色的特点植物可分为以下几类：

1）绿色类。绿色是叶片的基本颜色，但根据深浅不同，有嫩绿、浅绿、暗绿等之别。不同绿色的树种搭配在一起，能形成美妙的色感，如暗绿色针叶树丛前配置黄绿色树冠，会形成满树黄花的效果。

① 叶色呈深浓绿色者，如油松、圆柏、雪松、云杉、侧柏、山茶、女贞、桂花、槐、榕、毛白杨、构树等。

② 叶色呈浅淡绿色者，如水杉、落羽松、金钱松、七叶树、鹅掌楸、玉兰等。

2）春色叶类及新叶有色类。园林植物的叶色常因季节的不同而发生变化，对春季新发生的嫩叶有显著不同叶色的统称为春色叶树，如臭椿、五角枫的春叶呈红色，黄连木春叶呈紫红色，红枫（图2-9）的新叶呈红色等。

3）秋色叶类。凡在秋季叶片有显著变化的树种，均称为秋色叶树。

① 秋季呈红色或紫红色类，如鸡爪槭、五角枫、茶条槭、枫香、地锦、小檗、樱花、盐肤木、黄连木、柿、南天竹、花楸、石楠、卫矛、山楂、红槲、黄栌、乌桕（图2-10）等。

图 2-9　红枫（新叶有色类）

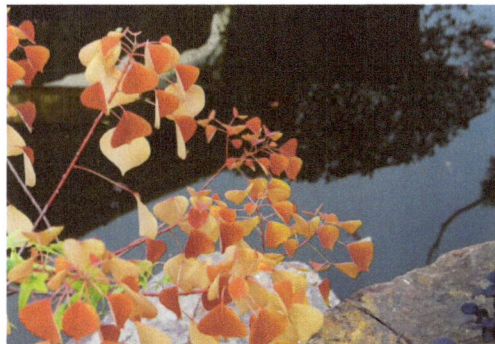

图 2-10　乌桕（秋色叶类）

② 秋叶呈黄色或黄褐色类，如银杏（图2-11）、水杉（图2-12）、白蜡、鹅掌楸、加拿大杨、柳、梧桐、榆、白桦、无患子、复叶槭、紫荆、栾树、悬铃木、胡桃、落叶松、金钱松等。

图 2-11　银杏（秋色叶类）

图 2-12　水杉（秋色叶类）

我国北方于深秋观赏黄栌红叶，而南方则以枫香、乌桕红叶著称；在欧美的秋色叶中，红槲、桦类等最为夺目，而在日本则以槭树最为普遍。

4）常色叶类。有些树的叶片常年呈异色，而不必分春秋季的来临。全年呈紫色的有紫叶小檗、紫叶欧洲槲、紫叶李、紫叶桃、红花继木等；全年均为黄色的有千层金（图2-13）、金叶鸡爪槭、金叶雪松、金叶圆柏、金叶女贞等；全年叶呈斑驳彩纹的有金心黄杨、银边黄杨、变叶木、洒金珊瑚等。

5）双色叶类。某些树种其叶背与叶面的颜色显著不同，称为双色叶树，如红背桂（图2-14）、银白杨、胡颓子、青紫木、广玉兰等。

图2-13　千层金（常色叶类）

图2-14　红背桂（双色叶类）

（2）花的色彩　园林植物的花朵有各种各样的形状和大小，而且在色彩上更是千变万化，这就形成了不同的观赏效果。花色要结合开花季节的各种因素才能达到开落的连续、色彩的接替交接，从而形成丰富多彩的景色。依开花季节呈现不同花色区别如下：

1）春季。桃（红、白）、山茶（红、白）、牡丹（红、黄、白、紫、淡红）、紫藤（紫、白）、杜鹃（红、白、黄、淡红）、木兰（紫、红）、连翘（黄）、瑞香（白、紫、黄）。

2）夏季。合欢木（白、淡红）、绣球（白、紫）、木槿（白、紫、淡红）、紫薇（白、绿、淡红）、六月雪（白）、夹竹桃（白、黄、淡红）。

3）秋季。芙蓉（白、淡红）、桂（黄、淡黄）、胡枝子（白、红）、油茶（白、红）。

4）冬季。梅（白、红）、腊梅（黄）。

（3）果实的色彩　果实的颜色有着更大的观赏意义，尤其是在秋季，硕果累累的丰收景色充分显示了果实的色彩效果。正如苏轼描述的果实的色彩，"一年好景君须记，正是橙黄橘绿时"。

1）果实呈红色者，如南天竹（图2-15）、火棘（图2-16）、平枝枸子、桃叶珊瑚、小檗类、山楂、冬青、枸杞、花楸、樱桃、郁李、欧李、枸骨、金银木、珊瑚树、桔、柿、石榴等。

图2-15　南天竹

图2-16　火棘

2）果实呈黄色者，如银杏（图2-17）、梅、杏、瓶兰花、柚、甜橙、佛手、金柑、南蛇藤、梨、木瓜、贴梗海棠、沙棘等。

3）果实呈蓝色者，如十大功劳（图2-18）、紫珠、葡萄、李子、忍冬、桂花、白檀等。

图 2-17　银杏

图 2-18　十大功劳

4）果实呈黑色者，如大叶女贞（图 2-19）、小叶女贞、小蜡、女贞、五加、鼠李、常春藤、君迁子、金银花、黑果忍冬等。

5）果实呈白色者，如红瑞木（图 2-20）、芫花、雪果、西康花楸等。

图 2-19　大叶女贞

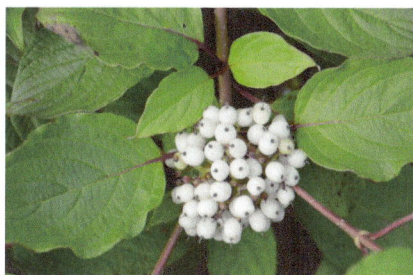

图 2-20　红瑞木

3. 植物的意境美

植物常易被人们注意的是其形体美和色彩美、嗅觉感知的芳香美，以及听觉感知的声音美等。除此以外，植物尚具有一种比较抽象的，但却是极富于思想感情的美，即联想美。

最为人们所熟知的如松、竹、梅被称为"岁寒三友"，象征着坚贞、气节和理想，代表着高尚的品质；松、柏因四季常青，又象征着长寿、永年；紫荆象征兄弟和睦；含笑表示深情；红豆表示相思、恋念；而对于杨树、柳树，却有"白杨萧萧"表示惆怅、伤感，"垂柳依依"表示感情上的依依不舍、惜别等。在民间，传统上更有所谓"玉、堂、春、富、贵"的观念，对此，有的人认为是粗俗的观念，但是在某些地区人们喜欢在欢乐的节日里，家中能有玉兰、海棠、迎春、牡丹、桂花开放，哪怕只有其中之一能在家中盛开，就会给其带来全年精神上的快乐与安慰，实际上这种民间广大群众所喜闻乐见的习俗是不应受到贬责的，园林工作者应当热情地给予支持，使千家万户都能有名花盛开。

植物联想美的形成是比较复杂的，它与民族的文化传统、各地的风俗习惯、文化教育水平、社会的历史发展等有关。我国具有悠久的文化，在欣赏、讴歌大自然中的植物美时，曾将许多植物的形象美概念化或人格化，赋予丰富的感情。事实上，不仅我国如此，其他许多国家亦有此情况，例如，日本对樱花的感情，每当樱花盛开的季节，男女老幼载歌载舞，举国欢腾；加拿大以糖槭树象征着祖国大地，将树叶图案绘制在国旗上。我国亦习惯以桑、梓代表乡里出现于文学中。有一个较著名的例子，在第二次世界大战后，苏联在德国柏林建立了一座苏军纪念碑，在长轴线的焦点，巍然矗立着抗击法西斯、保卫祖国、保卫和平的威武战士抱着儿童的雕像，军旗倾斜表示庄严的哀悼，母亲雕像垂着头沉浸于深深的悲痛之中，在母亲雕像旁配植着垂枝白桦，白桦是其乡土树种，垂枝表示哀思。这组配植使我们想象到来自远方祖国家乡的母亲，不远万里来到异国想探视久久思念的儿子，但当她得知爱子已牺牲而来到墓地时的心情。这组配植是非常成功的，当你细细品味时总是感人泪下，从而唤起人们反对法西斯、保卫世界和平的感情，同时还会觉得战士的英灵也得到了慰藉，因为他得到人们的尊重并且有母亲的雕像和家乡的草木在身旁陪伴而不会感觉是在异国他乡。我国首都天安门广场人民英雄纪念碑及毛主席纪念堂南面的松林配植也是较好的例子。

如前所述，植物的联想美多是由文化传统逐渐形成的，但它并不是一成不变的，随着时代的发展而会发生变化。例如，"白杨萧萧"是由于在过去，一般的民家多将其植于墓地而形成的，但是在现代却由于白杨生长迅速，枝干挺拔，叶近革质而有光泽，具有浓荫匝地的效果，所以成为良好的绿化树种。时代变了，绿化环境变了，所形成的景观变了，游人的心理感受也变了，所以当微风吹拂时就不会有"萧萧愁煞人"的感觉。相反地，如配植在公园的安静休息区中却会产生"远方鼓瑟""万籁有声"的安静松弛的效果。又如梅花，过去总是受文人"疏影横斜"的影响，带有孤芳自赏的情调，而现在却应以"待到山花烂漫时，她在丛中笑"的富有积极意义和高尚理想的内容去转化它。

4. 植物的芳香美

香味是"植物之灵魂"，在园林植物的观赏性状中最具特色。中国古典园林注重意境美的创造，主张运用植物时"重于香而轻于色"，以芳香植物来提升园林景观的文化底蕴，把独特的韵味和意境带给园林。现代园林常追求大色块，重视视觉冲击力，反而忽略了嗅觉的感受，忽视了芳香植物的应用，而这类植物恰恰最具有中华民族的文化特质和中国园林的文化特色，它们有姿态、有韵味、有意境，是园林"绿化""美化""香化"的重要材料，因此，应大力加强芳香植物的引种及育种，并在园林中广泛应用，使我们的园林在世界园林中独树一帜，芳香溢远。

（1）芳香植物的分类 芳香植物可分为乔灌木类、藤本类、草本类三种类型。

1）乔灌木类。具有芳香气味的乔灌木类主要有：柏科的侧柏、香柏；海桐科的海桐；玄参科的毛泡桐；樟科的香樟、阴香、月桂；金缕梅科的蜡瓣花、金缕梅；芸香科的花椒、黄檗、九里香；木兰科的白兰、黄兰、含笑、玉兰、广玉兰、望春玉兰、山玉兰、馨香玉兰、天女花、夜合花、优昙花；蔷薇科的梅花、香水月季、突厥蔷薇、稠李、多花蔷薇、木瓜；省沽油科的银鹊树；瑞香科的瑞香、结香；木樨科的华北紫丁香、蓝丁香、北京丁香、暴马丁香、波斯丁香、桂花、素馨花、茉莉、女贞；忍冬科的糯米条、香荚蒾、珊瑚树、接骨木；楝科的楝树、米兰；蜡梅科的蜡梅；山茶科的木荷、油茶、厚皮香；豆科的金合欢、金雨相思；茜草科的栀子、黄栀子；番荔枝科的鹰爪花；萝藦科的夜来香；菊科的蚂蚱腿子；千屈菜科的散沫花；马鞭草科的兰香草；五加科的鹅掌柴；杜鹃花科的毛白杜鹃、云锦杜鹃等。

2）藤本类。蔷薇科的木香、金樱子、香莓、光叶蔷薇、多花蔷薇；忍冬科的金银花；豆科的紫藤、藤金合欢等是具有芳香气味的藤本类植物。

3）草本类。具有芳香气味的草本类主要有：石蒜科的纸白水仙、丁香水仙；姜科的姜花；唇形科的薄荷、留兰香、罗勒、藿香、紫苏、香薷紫荆芥、迷迭香、鼠尾草、百里香、薰衣草、灵香草；马鞭草科的荆条；百合科的百合、铃兰、萱草、玉簪；柳叶菜科的月见草、待霄草；菊科的香叶蓍、地被菊、龙蒿；十字花科的香雪球、紫罗兰；豆科的羽扇豆；天南星科的石菖蒲；败酱科的缬草；石竹科的麝香石竹；牻牛儿苗科的香叶天竺葵、豆蔻天竺葵；兰科的兰花等。

（2）芳香植物的功能

1）美化及香化。我国许多名园利用芳香植物创造了绝佳的景致。杭州西湖的"曲院风荷"，突出了"碧、红、香、凉"的意境美，即荷叶的碧、荷花的红、熏风的香、环境的凉，使夏日呈现出"接天莲叶无穷碧，映日荷花别样红"的景观。许多植物的香味都具有深深的文化底蕴，给园林带来独特的韵味和意境。如梅花，"遥知不是雪，为有暗香来""天与清香似有私"；又如"禅客"栀子花，"熏风微处留香雪"；再如夏秋盛开的茉莉，"燕寝香中暑气清，更烦云鬟插琼英""一卉能熏一室香，炎天尤觉玉肌凉"。苏州留园的"闻木樨香轩"，网师园的"小山丛桂轩"，拙政园的"远香堂""荷风四面亭""玉兰堂"，承德避暑山庄的"香远益清""冷香厅""观莲所"等，也纷纷借用桂花、荷花、玉兰的香味来抒发某种意境和情绪。

从形态美到意境美是园林艺术的升华。芳香植物创造了清香幽幽的园林，反映了自然的真实，让人感到自然是可以捉摸的、是亲切和悦的，体现了哲学中人与天地相和谐的观点，同时也达到了"景有尽而意无穷"的园林意境美的至高境界。

2）保健功能。芳香植物的药理作用很早就为人们所认识。我国早在盛唐时期，植物香薰就成为一门艺术，后来传入日本，是为日本"香道"的起源；《神农本草经》等医学专著有"闻香治病"的记载；12～14 世纪，欧洲人在屋前燃烧芳香植物来躲避瘟疫；明代李时珍在《本草纲目·芳香篇》中列举了多种具有清热、杀菌、镇痛的香料植物；张山雷在《本草正义》中也谈到玫瑰等芳香植物的一些疗效；20 世纪 30 年代法国化学家 Rene M. Gattefoss 首创了植物芳香疗法（Aromatherapy），通过吸入植物挥发性物质来预防、治疗或减轻疾病；1964 年法国人 Jean Val net 出版《Aromatherapia》一书，使芳香疗法这种无毒、无副作用的自然疗法逐渐得到了现代医学的承认。据现代科学的研究发现，芳香植物的保健作用主要有以下两方面：

① 预防和治疗疾病。花香对预防和治疗疾病大有裨益。桂花的香气有解郁、清肺、辟秽之功能；菊花的香气能治头痛、头晕、感冒、眼翳；丁香花的香气对牙痛有镇痛作用；茉莉的芳香对头晕、目眩、鼻塞等症状有明显的缓解作用；香叶天竺葵的香气具有平喘、顺气、镇静的功效；郁金香的香气能疏肝利胆；槐花香可以泻热凉血；薰衣草香味具有抗菌消炎的作用；薄荷具有祛痰止咳的功效；台湾扁柏的芳香气味有降低血压的功效；紫茉莉分泌的气体 5 秒钟即可杀死白喉、结核菌、痢疾杆菌等病毒。

② 改善心境和情绪。芳香生理心理学研究发现，天竺葵花香有镇定神经、消除疲劳、促进睡眠的作用；茉莉花的香味能使人消除疲劳；兰花的幽香能解除人的烦闷和忧郁，使人心情爽朗；紫罗兰和玫瑰的香味给人以爽朗和愉快的感觉；迷迭香、薄荷的香气对人的想象力有良好的促进作用；菊花香中的菊油环酮、龙脑等挥发性芳香物可使儿童思维清晰、反应灵敏、有利于智力发育；水仙花香味中的酯类成分，可提高神经细胞的兴奋性，使情绪得到改善、消除疲劳；薰衣草、檀香木、侧柏、莳萝等植物的挥发性物质有镇静作用；松、柏、樟树等的一些挥发物具有提神、醒脑、舒筋、活血的功能。

3）净化空气。有些芳香植物还能减少有毒有害气体、吸附灰尘，使空气得到净化。如米兰能吸收空气中的二氧化硫；桂花、蜡梅能吸收汞蒸汽；松柏类树种有利于改善空气中的负离子含量；丁香、紫茉莉、含笑、米兰等不仅对二氧化硫、氟化氢和氯气中的一种或几种有毒气体具有吸收能力，还能吸收光化学烟雾、防尘降噪。因此，在树种规划时选用一些芳香植物，并结合水景配置，可使空气质量得到极大改善。

4）驱除蚊虫。薄荷、留兰香、罗勒、茴香、薰衣草、灵香草、迷迭香等芳香植物的香气还能驱除蚊蝇等昆虫。可见，园林中引入芳香植物，不但能美化、香化环境，增添园林韵味，还能清新空气，预防和治疗疾病，给人以舒适的享受。

（3）芳香植物的园林应用

1）芳香植物专类园。很多芳香植物本身就是美丽的观赏植物，可以建立专类园。配置时注意乔木、灌木、藤本、草本的合理搭配以及香气、色相、季相的搭配互补，再配以其他园林设计要素，如提供观赏、食用、茶饮、美容、沐浴、按摩等服务，使这类专类园具有生产、旅游、服务、休闲等功能。近年来显示出诱人市场潜力的"芳香主题旅游"也多与这类专类园结合，在法国、日本，以花境或花园形式经营的芳香植物农场就吸引了大批的游客。

在芳香植物专类园中，可在开阔区域种植雪松、华山松、香樟、刺槐、国槐、广玉兰、暴马丁香等树种。在园路转角或凉亭旁，种植四时飘香的植物，如春天的梅花，夏天的栀子花、玉兰，秋天的桂花和冬天的蜡梅。在散步道两边，种植低矮的灌木或草本芳香植物，如西洋甘菊、柠檬草、鼠尾草、百里香、香叶天竺葵、薰衣草、迷迭香、栀子、玫瑰、柠檬马鞭草等，行人行走时便会飘起阵阵芳香，令人心旷神怡。池塘里可种植荷花，不管是春天的"小荷才露尖尖角"，还是夏天"映日荷花别样红"，甚至是秋冬的"留得残荷听雨声"，都是一番动人的景致。池塘边可以种植香菖蒲，它的根系能吸附水中的杂质污物，保持塘水的干净。还可配置些具有芳香气味的蔬菜或果树，供游人采摘、收割，这类植物有薄荷、罗勒、迷迭香、茴香、紫苏、鼠尾草、芫荽、藿香、薰衣草、杨梅、金樱子等。

2）植物保健绿地。随着环保意识的增强，人们对所处生活环境的品质有了更高的要求，植物保健绿地应运而生，成为小区域内的"绿肺"，起到美化环境、净化空气的作用。在这类绿地中应用松柏类、桂花、茉莉、丁香等具有治疗作用的芳香植物，有利于预防和治疗疾病，提高人体免疫能力。景色宜人的园林空间还有利于人们放松神经，获得身心的健康。

3）夜花园。夜花园因其静谧安详已成为人们喜爱的园林形式，尤其在炎炎夏日，夜花园成为人们消暑、纳凉的好去处。夜间视觉所获得的信息大量减少，因此，芳香植物在夜花园中有广阔的应用前景。在这类园中，常选用浅色系、夜间可开放释香的植物，如月见草、待霄草、晚香玉、玉簪、夜来香、茉莉、桂花、栀子花、白丁香、波斯丁香、暴马丁香、夜合花、含笑、瑞香、香叶天竺葵等。

4）芳香植物园林应用需注意的问题。

① 功能性。根据园林的功能，选择适合的芳香植物。如在气氛轻松活泼的中心场地或游乐区，宜选择茉莉、百合等使人兴奋的种类；而在安静的休息区，应选择薰衣草、紫罗兰、檀香木、侧柏、莳萝等使人镇静的种类。配置儿童活动区域时，不宜选择带刺或有毒的植物种类，如玫瑰、黄花夹竹桃等，或采取必要的保护措施。

② 控制香味的浓度。露天环境空气流动快，香气易扩散而达不到预期效果，因此，必须通过地形或建筑物形成小环境才能维持一定的香气浓度、达到预期的效果。同时应注意种植地的主要风向，一般将芳香植物布置在上风向，以便于香味的流动与扩散。对于一些香味特别浓烈的植物，如暴马丁香、夜来香等，不宜集中大量种植，否则过浓的香味会让人感到不适。室内香气容易积累，因此，茉莉、丁香、薰衣草等不宜大量摆放，否则香气过浓会使人出现头晕、胸闷等身体不适反应。

③ 香味的搭配。一定时期内确定1~2种芳香植物为主要的香气来源，并控制其他芳香植物的种类和数量，以避免香气混杂。

5. 植物的声音美

植物本身是不会发声的，但我们可以通过植物搭配，再借助于风、雨、雪的作用，让人产生美的感观享受。

（1）借助外力发声 如响叶杨，因在风的吹动下叶片发出的清脆声响而得名。针叶树种最易发声，当风吹过树林，便会听到阵阵涛声，有时如万马奔腾，有时似潺潺流水，所以会有"松涛""万壑松风"等景点题名。还有一些叶片较大的植物也会产生音响效果，如拙政园的留听阁，因唐代诗人李商隐《宿骆氏亭寄怀崔雍崔衮》诗中"秋阴不散霜飞晚，留得枯荷听雨声"的诗句而得名，这对荷叶产生的音响效果进行了形象地描述。再如"雨打芭蕉，清声悠远"，唐代诗人白居易的诗句"隔窗知夜雨，芭蕉先有声"最合此时的情景，就在雨打芭蕉的淅沥声里，飘逸出浓浓的古典情怀。

（2）林中动物"代言" 另一种声音源自于林中的动物和昆虫，正所谓"蝉噪林愈静，鸟鸣山更幽"。植物为动物、昆虫提供了生活的空间，而这些动物又成为植物的"代言人"。要想创造这种效果就不能单纯地研究植物的生态习性，还应了解植物与动物、昆虫之间的关系，利用合理的植物配置为动物、昆虫营造适宜的生存空间。例如，在进行植物配置时设计师可以选择结果植物或蜜源植物，如罗汉松、香樟、女贞、冬青、十大功劳、火棘、海桐、八角金盘等，借此吸引鸟类或者蝴蝶、蜜蜂，形成鸟语花香的优美景致。

总之，在植物景观设计过程中，不能仅考虑某一个观赏因子，应在全面掌握植物的观赏特性的基础上，根据景观的需要合理配置植物，创造优美的植物景观。

6. 植物的质感

所谓质感，是指物体表面的质地作用于人的视觉而产生的心理反应。而植物的质感，也就是表面质地的粗细程度在视觉上的直观感受，即质地是否粗糙、叶缘形态、树皮的外形、植物的综合生长习性和植物的观赏距离等因素。

这里需要强调的是"质感"与"质地"的区别。对于一株植物而言，其质地是指该植物作为设计材料所固有的结构性质，是其与生俱来的；而其质感则指的是这一质地带给观赏者——人的心理感受。换而言之，质地是植物的内在属性，而质感则是由其内在属性折射于外部观察者而产生的心理感受。质感的这种特点，使得其在具体应用中具有相当大的主观性，更需要设计者运用细腻的感性思维去把握和衡量。

一般来说，植物的质感由两方面因素决定：一方面是植物本身的因素，即植物的叶片、小枝、茎干的大小、形状及排列，叶表面粗糙度，叶缘形态，树皮的外形，植物的综合生长习性等；另一方面是外界因素，如植物的被观赏距离、环境中其他材料的质感等因素。一般叶片较大、枝干疏松而粗壮、叶表面粗糙多毛、叶缘不规整、植物的综合生长习性较疏松者质感也较粗。

（1）叶的质感　叶的质地不同，观赏效果也不同。革质的叶片，具有光影闪烁的效果；纸质、膜质的叶片常给人恬静之感；粗糙多毛的叶片，则富于野趣。以其单叶的叶看大多数为卵形、圆形、椭圆形等，其形状给人感觉一般化，所以马蹄形、掌形、针形就较为突出。以单叶和复叶进行比较，复叶更加能够引起人们的注意，具有较高的观赏价值。树叶的大小一般可以分为：特大叶如芭蕉、荷花、蒲葵、美人蕉等，质地最具有粗质感；大叶如悬铃木、八角金盘、龟背竹等，具有粗质感；小叶如乌桕、榆树等，质地较粗；特小的如六月雪、瓜子黄杨等，质地具有细质感。

（2）枝干的质感　一般枝条稀疏，枝条开张度大，枝条较粗的植物质感粗，如图2-21a中的枝干；枝条较紧凑，细枝较多，能形成比较密实的表面形状者植物质感细腻，如图2-21c中的枝干。

（3）植物质感的类型　植物质感的类型有以下几种：

1）粗质型（图2-21a）。此类型植物通常具有大叶片、疏松粗壮的枝干以及松散的树形，其生长习性也较为疏松。粗质型园林植物主要有：火炬树、凤尾兰、核桃、广玉兰、臭椿、刺桐、木棉、向日葵、木槿、玉簪等。

一般情况下粗质感具有质朴、厚重、温暖和粗犷的视觉心理反应，从另一方面来说粗质感也具有负面的心理效果，如果使用不当也会产生粗俗、简陋、笨拙的不良后果。粗质与细质的搭配，具有强烈的对比性，当将其植于中质型及细质型植物丛中时，会首先为人所见，产生"跳跃"之感，故在景观设计中可作为中心物加以装饰和点缀。粗质型植物在外观上显得比细质型植物更空旷、更疏松、更模糊。粗质型植物通常还有较大的明暗变化，能产生拉近的错觉，将其种植在花境的远端，可以产生缩短花境的效果。

在使用和种植粗质型植物时应注意适度，以免它在布局中喧宾夺主，或是让整体效果显得粗鲁而无情调，使人们过多地注意零乱的景观。基于这一原因，粗质型植物多用于不规则的景观中，而不宜配植在要求有整洁的形式和鲜明轮廓的规则的景观中。

另外，粗质型植物可使景物趋向赏景者，从而造成某种幻感，使空间显得狭窄和拥挤，因此，粗质型植物适合运用在超过人们正常舒适感的现实自然范围中，如过高或过广的空间，以减少这类空间给人带来的空虚感，而在狭小的空间，如宾馆、庭院内则必须慎用。

2）中质型（图2-21b）。此类型植物具有中等大小叶片、枝干以及具有适中的树型。通常多数植物属于此类型。

中间质感具有温和、平静的视觉心理影响，也是一种调和过渡的感觉形态。

在景观设计中，中质型植物往往充当粗质型和细质型植物过渡成分，与粗质型和细质型植物连续搭配，将整个布局中的各个部分连接成一个统一的整体，给人以自然统一的感觉。

3）细质型（图2-21c）。具有许多小叶片和微小脆弱的小枝以及整齐密集而紧凑的冠型的植物属于此类型。细质型园林植物有：榉树、鸡爪槭、馒头柳、珍珠梅、地肤、文竹、石竹、金鸡菊、野牛草、结缕草等草坪类植物。

细质感具有精致、高雅、寂静的视觉心理影响，当然它也有消极的一面，即使用不当时会产生平淡、单调的后果。细质型植物叶小且浓密，枝条纤细而不易现露，在景观中容易被人忽视，往往最后不为人所见，所以轮廓清晰，外观文雅而细腻，宜作为背景材料，以展示整齐、清晰、规则的特殊氛围。

同时，细质型植物与粗质型植物相反，有使景物远离赏景者的动感，从而造成观赏者与植物间的可视距大于实际距离的幻觉。当大量细质型植物被植于一个空间时，它们会构成一个大于实际空间的幻觉。细质型植物的这一特性，使其特别适合运用在紧凑狭小的空间中。

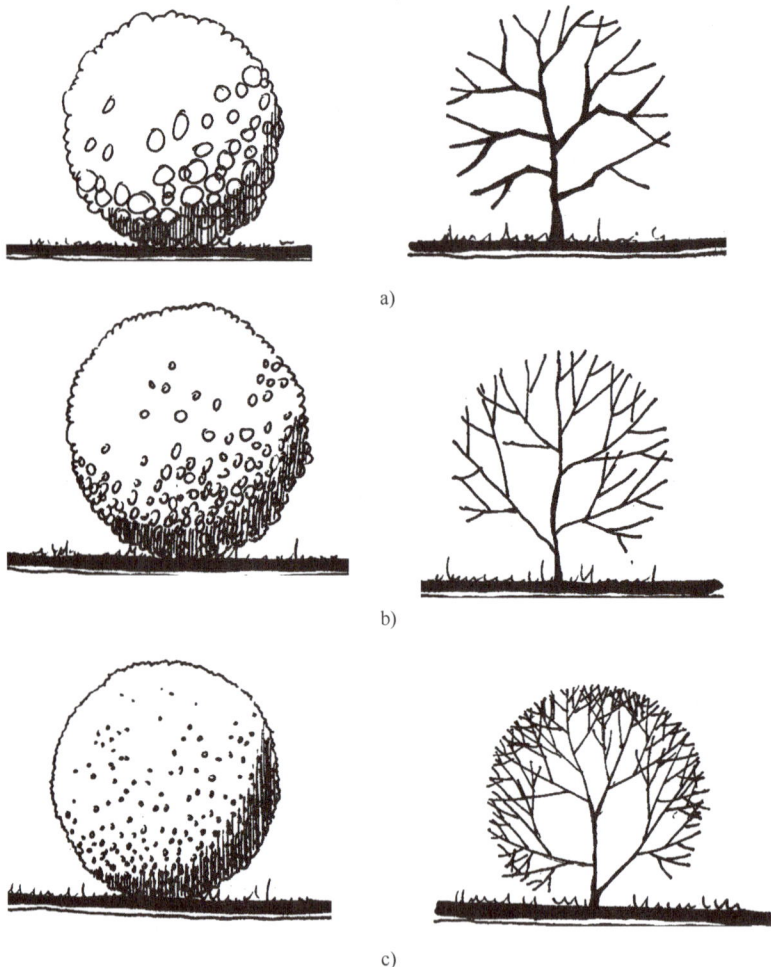

图2-21　植物质感的类型
a）粗质型　b）中质型　c）细质型

（4）植物质感应用的一般规律

1）植物的质感应与造景目的相统一。在植物配植造景时要考虑园林植物的质地和质感差异，所选用的植物材料质地与质感等都应与所处的环境、造景的目的与意图相吻合。如垂柳依依，给人的感觉是温柔与飘逸；栎、槲等叶质粗糙宽大，给人的感觉是质朴与粗犷。在娱乐的地方，应种植低矮、花色艳丽、质地小巧的花，它可以使人心情愉悦；在公园安静休息区里应种些花色相似、质地较轻的花，它可以使人有放松，轻盈的感觉。这些都因为其形、其质的不同，应用配置时要充分考虑花材的质感差异，做到因需取材、因景取材、景物相宜、人物相宜。

2）植物的质感应与周围环境相协调。植物枝叶呈现柔和的曲线，不同的植物的质地、色彩在视觉感受上有着差别，园林中经常用柔质的植物材料来软化生硬的几何式建筑形体，如基础栽植、墙角种植、墙壁绿化等形式。一般体型较大、立面庄严、视线开阔的建筑物附近，要选干高枝粗、树冠开展的树种；在玲珑精致的建筑物四周，要选栽一些姿态轻盈、叶小而致密的树种。

3）植物的质感应与空间大小相适应。空间大小不同，不同质感植物所占比重应不同。大空间设计时粗质型植物应居多，这样会因粗糙刚健的质感而和空间具有良好的配合；小空间设计时细质感型植物应居多，这样空间会因漂亮、整洁的质感而使人感到雅致且愉快。

4）植物的质感应与其他植物相结合。在植物配植时，需要根据特定需要决定与其他植物的配合方式，或融于其中，或显于其外，这些都可以依托于质感的异同而达到。同一质感的植物配植易达到整洁和统一，质感上也易调和，如草坪上的地被植物。相似质感搭配，既有明显的不同，又有某些共性，这样的搭配比同一质地的搭配质感上丰富，由于质感相似，容易取得协调，令人感觉舒适、稳定，如卵石旁种植阔叶沿阶草，卵石和阔叶沿阶草在质感上达到了统一，显示出粗犷美。为提高质感效果的最佳方法之一就是根据质感的对比，使各种素材的优点相得益彰，达到突出的效果，如苔藓与石头的配合，其两者质感的对比效果比草坪和石头的对比更为优越，石头的坚硬强壮的质感与苔藓的柔软光滑的质感形成对比，在不同的质感对比中产生了美。

总的来说，质感比较粗糙的植物具有较强的视觉冲击性，往往可以成为景观中的视觉焦点，在空间上会有一种靠近观赏者的趋向性，而质感细腻的植物则相反。所以，在重要的景观节点应选用质感粗糙的植物，而背景则可选择质感细腻的植物，中等质感的植物可以作为两者的过渡；如果空间狭小、为了避免过于局促，则尽量避免使用质感粗糙的植物，而应选用质感细腻的植物。另外，植物的质感也会随季节的改变而变化，如落叶植物，当冬季落叶后仅剩下枝条时，植物的质感就表现得比较粗糙了，所以，植物组团全部为落叶植物的话，冬季植物景观效果就显得单调散乱。因此，在进行植物配置时，设计师应根据所需景观效果，综合考虑植物质感的季节变化，按照一定的比例合理搭配针叶常绿植物和落叶植物。

2.1.2　植物造景的美学法则

植物是建筑物与构筑物空间塑造及划分的重要组成部分，构筑物构成硬质景观，而植物是软质景观部分。植物景观不仅可以净化、美化环境，植物景观本身也具有独特的魅力。在植物景观设计中，虽然场地不同，但可按照同一美学原理去创造美的景观。巧妙地运用线条、空间感、质感、颜色、风格等美学原理是创造美景的有效途径。

（1）植物的线条　植物的线条有以下几种：

1）曲线，给人自然、自由的感觉。

2）水平线，暗示永恒和流动。

3）垂直线，有力量。

4）方形，给人规则、严谨的感觉。

5）直线，风格简洁、明快。

6）斜角。

（2）线条应用的一般规律　线条引领视线，游走于庭园，需统一设计，线条可以中断但视线不能停滞，必须安排另一线条将视线延续，这样庭园才会有整体感。水平线与垂直线必须互相平衡，重复使用同样的形状、大小、质感、色彩的植物，就能构成线条。线条要有助于表现景观的统一、协调和对比，同时线条也可以制造错觉。

（3）空间感　组合各种植物形态，使其互成比例或相辅相成，即可塑造庭园的空间感。空间感应用的一般规律是集合形态相似的植物，再安排一种对比强烈的形态制造焦点。通常一种形态的植物要用一大丛植物来表现，增强震撼力，而非一棵两棵。封闭、稠密的植物群落与疏松开放的草坪结合，可形成"疏可跑马，密不透风"的植物空间感。

（4）质感应用的一般规律　质感应用的一般规律有以下几点：

1）太多不同质感混合会让人感觉杂乱，而单一质感又太单调，最好集合一群质感相似的植物，再与另一种完全不同质感的植物群形成对比，让人感觉舒适。

2）植物与硬质构筑物的质感应该调和。

3）最好混合粗、细两种质感以求平衡。茂密、大叶粗糙的植物看起来重量感强；枝叶疏松、叶片细致光滑的植物看起来比较轻盈。

4）运用质感和重量感可以制造错觉。小空间适合种植细致的植物让空间变大；大空间若在远处种植粗糙的植物，看起来就不会太空旷。

（5）颜色　同色花卉大片种植，大胆表现色彩，重复一种颜色可以统一视觉，引导视线于设计的焦点上。色彩搭配应用于花境时需格外谨慎，不仅要考虑花期的搭配，草本花卉与球根花卉的观赏期互补，更要把握各个花期花卉的色彩搭配。相同品种的花卉种植面积不要小于 $1m^2$，如此才能产生一定的视觉效果。

（6）风格　强调对称的轴线布局，以及植物几何形态的修剪造型，多是欧洲古典园林的明显标志。非对称布局，简洁明快的线条感，多是现代园林的风格体现。寻求自然，强调植物原生自然形态的配置，也是现代生态园林的特色。

（7）平衡　平衡并非完全对称，只让人感觉稳定就可以了，即产生视觉上的稳定感，所以平衡可分为对称平衡和不对称平衡。

（8）对比　强调各形态因子上的差异，如强调植物形态、叶片质感、颜色、变化空间的疏密对比等。

（9）韵律　植物景观能引领视线，游走于园林空间，产生庭园的韵律。将体积、形态、线条、颜色加以重复或对比，就能得到韵律。游走于有韵律的植物空间，不会出现杂乱的感觉，若略有变化就会感到既有条理又更丰富。

2.1.3　美学原理在植物景观营造中的应用

1. 多样统一性

多样统一性亦称变化与统一，在园林植物配置时，树形、色彩、线条、质地及比例都要有一定的差异和变化，但又要使它们之间保持一定的相似性，这样显得既生动活泼又和谐统一。

2. 对比与调和

对比与调和是艺术构图的重要手段之一。园林景观更需要有对比。

（1）外形的对比与调和　在植物景观设计中，乔木的高大和灌木的矮宽、尖塔形树冠与卵形树冠，有着明显的对比，外形相似或相同的植物，从树冠上看其本身又是调和的。利用外形相同或者相似的植物可以达到植物组团外观上的调和，如球形、半球形的植物最容易调和，形成统一的效果。如图 2-22 所示，为杭州花港观鱼公园某园路两侧的绿地，以球形、半球形植物构成了一处和谐的景致。

如果完全相同会显得平淡、乏味，如图 2-23 所示，栽植的植物高度相同，又都是形态相似的球形或者半球形，景观效果平淡无奇，缺乏特色，而在图 2-24 中，利用圆锥形的植物形成外形的差异，在垂直方向与水平方向形成对比，景观效果一下子就活跃起来了。

图 2-22 球形、半球形树冠构成了一处和谐的景致

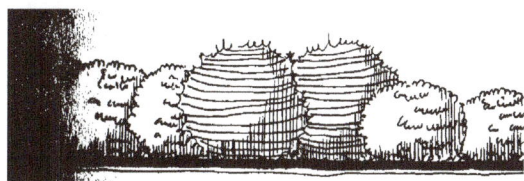

图 2-23 完全的调和使植物景观过于平淡

图 2-24 在调和基础上的对比使植物景观富有动感

（2）体量的对比与调和 如假槟榔与散尾葵对比，蒲葵与棕竹对比，体量上有很大差别，而它们都是棕榈类的植物，姿态又都是调和的。图 2-25 所示为假槟榔与酒瓶椰子和龙舌兰的对比，体量上有差异，而它们同属棕榈类，姿态又都是调和的。

（3）色彩的对比与调和 红色和绿色为互补色，黄色与紫色为互补色，蓝色和橙色为互补色，对比强烈。色彩中同一色系比较容易调和，如黄色和橙黄色，红色和橙红色等。图 2-26 所示为黄绿色的金叶女贞球、红色的红花继木球与黄色三色堇的调和。

图 2-25 棕榈类植物体量的对比与调和

图 2-26 球形植物色彩的对比与调和

通常植物群体的基调色彩多选用绿色，因绿色令人感到放松、舒适，而且绿色在植物色彩中最为普遍。在总体调和的基础上，可适当点缀其他颜色，构成色彩上的对比。在进行植物色彩搭配时，应该注意尺度的把握，不要使用过多过强的对比色，否则会显得杂乱无章。

此外，还有明暗的对比与调和，虚实的对比与调和，开闭的对比与调和，高低的对比与调和等。

3. 韵律与节奏

一种树等距离排列称为"简单韵律";两种树木,尤其是一种乔木与一种灌木相间排列或带状花坛中不同花色分段交替重复等,产生活泼的"交替韵律"(图2-27);园中景物中连续重复的部分,作规则性的逐级增减变化还会形成"渐变韵律"。

4. 均衡与稳定

均衡与稳定是植物配植时的一种布局方法。在平面上表示位置关系适当就是均衡,在立面上表示轻重关系适宜就是稳定。一般色彩浓重、体量庞大、数量繁多、质地粗厚、枝叶茂密的球形植物给人重感,常布置在树林群丛的外缘,如图2-28所示;相反,色彩素淡、体量小巧、数量简少、质地细柔、枝叶疏朗的植物种类则给人轻盈的感觉。

图 2-27　球形植物与苏铁的"交替韵律"

图 2-28　球形植物的均衡作用

5. 主体与从属

主体与从属也就是重点与一般的关系,在植物造景中,必须有主体或主体部分,而把其余置于一般或从属地位。一般乔木是主体,灌木、草本是从属的。在园林中,突出主景的方法主要有轴心或重心位置法和对比法。在处理具体的植物景观时,应选择造型特殊、颜色醒目、形体高大的植物作为主景,并将其栽植在视觉焦点或者高地上,通过与背景的对比,突出其主景的位置,如图2-29所示,在低矮灌木的"簇拥"下,乔木成为视觉的焦点,自然就成为景观的主体了。

图 2-29　低矮灌木的"簇拥"下,乔木成为视觉的焦点

6. 比例与尺度

所谓比例就是指园林中各景物之间的比例关系,而尺度是指景物与人之间的比例关系。这两种关系不一定能用数字来表示,而是属于人们感觉上、经验上的审美概念。

一般对于大型景物来说，最佳视距应为景物高度的 3.3 倍，小型景物约为 1.7 倍，对景物宽度来说，最佳视距应为景物宽度的 1.2 倍。

如果以人为参照，尺度可分为三种类型：自然的尺度（人的尺度）（图 2-30）、超人的尺度（图 2-31）、亲切的尺度。在不同的环境中选用的尺度是不同的，一方面要考虑功能的需求，另一方面应注意观赏效果，无论是一株树木，还是一片森林都应与所处的环境协调一致。例如，中国古代私家园林属于小尺度空间，所以园中搭配的都是小型的、低矮的植物，显得亲切温馨；而美国国会大厦前属于超大的尺度空间，配置以大面积草坪和高大乔木，显得宏伟庄重。两者植物的尺度有所不同，但都与其所处的环境尺度相吻合，所以形成各具风格的园林景观。

图 2-30　自然的尺度　　　　　　　　　　　图 2-31　超人的尺度

与其他园林要素相比，植物的尺度似乎更加复杂，因为植物的尺度会随着时间的推移而发生改变，可能一开始的时候达到了理想的效果，但是随着岁月的增加，会失去原有的和谐，所以设计师应该动态地看待植物及景观，在设计初期就应该预测到由于植物生长而出现的尺度变化，并采取一些措施以保证景观的观赏效果。

2.1.4　园林植物的造景功能

1. 树木与建筑物配合构成景物

（1）衬托、彰显建筑　高大乔木作为建筑物的背景时，可衬托出建筑物的特色或利用树木形状、线条等彰显建筑的形状与线条，如图 2-32 所示。

（2）联系建筑　建筑物与建筑物之间、建筑物与其他景物之间，以及建筑与地面之间，常由于形状、色彩、地位及本质的不同而有不相联系或相联系而不相协调的现象发生。绿篱、行道树等有使彼此间联系与协调的作用，如两栋建筑之间缺少联系，而在两者之间栽上植物后，两栋建筑物之间似乎构成联系，整个景观的完整性得到了加强。

（3）装饰建筑　利用植物可对建筑进行垂直绿化或形成花窗、花门等，如图 2-33 所示为利用爬山虎对建筑墙面进行垂直绿化，起到装饰及美化墙面的作用。

图 2-32　利用植物衬托、彰显建筑　　　　　图 2-33　用爬山虎对建筑墙面进行立体装饰

41

（4）代替建筑　利用修剪造型的植物代替雕像或用绿篱代替围墙、栏杆等，如图 2-34 所示为用小叶女贞修剪造型代替雕像。

（5）隐蔽或纠正建筑的缺陷　用植物来隐蔽外观不美的建筑物的一部分或全部，如图 2-35 所示为用藤本植物隐蔽了该处外观不美的构筑物。还可利用树木与建筑物的对比关系纠正建筑物在视觉上的缺陷。

图 2-34　用小叶女贞修剪造型代替雕像　　　图 2-35　用藤本植物隐蔽建筑缺陷

2. 植物的分区作界功能

该功能与墙、栏杆等有共同之处，可用作分区作界。植物的园林功能有以下几点：①划分园林境界；②组织园林空间；③防止灰尘；④减弱噪声；⑤防风遮荫；⑥充当背景；⑦作为绿化屏障。

3. 改观地形

1）在平坦处栽种高矮变化的树木，在远观上可造成地形起伏的状态，如图 2-36 所示。

2）在低洼处栽种较高树种，在较高处栽种矮小树种，可使原有起伏的地形改观为平坦的地形，反之则加强地形起伏状态，如图 2-37 所示。

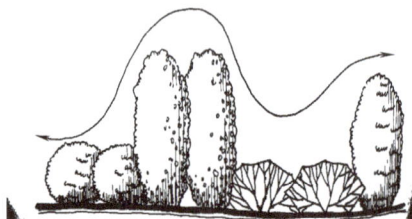

图 2-36　平坦处利用植物造成地形起伏　　　图 2-37　低洼不平处利用植物改观地形

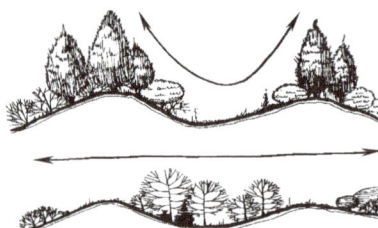

4. 控制视线

（1）用树木阻挡视线形成障景　障景又称抑景，在园林绿地中凡是能抑制视线、转变空间方向的屏障景物均为障景。障景因使用材料的不同，可分为山石障、影壁障、树丛障、篱障、景墙障等。障景的作用有三个：一是先抑后扬，增加赏景的曲折生动性；二是点景，即障景本身可构成空间分隔，独成景观；三是用来完全隐蔽不够美观和不能暴露的地方和物体。障景的布置要自然、协调，一般采用不对称的构图，且构图宜有动势，以引导游览者前进，如图 2-38 所示。

（2）框景　利用门框、窗框、树干树枝所形成的框架，以及山洞的洞口框等，有选择地提取另一空间的景色，使之恰似一幅嵌于镜框中的图画，这种利用景框来欣赏的景物称为框景（图 2-39）。框景的作用在于把园林景观利用景框的设置，宛然统一在一幅画之中，以简洁幽暗的景框为前景，使观赏者的视线通过景框集中在画面的主景上，给人以强烈的艺术感染力。框景在布置时，若先有景，则框的位置应朝向最佳的景观方向；若先有框，则应在框的对面布置景色。观赏点与景框的距离应保持在景框直径的两倍以上，视点最好在景框的中心，使景物整个平面落入夹角为26°的视域内。

图 2-38　用树木阻挡视线形成障景

图 2-39　利用树枝形成的框景

（3）用树木限制视线而透露风景线形成夹景　利用树丛、树列、山石、建筑等形成较封闭的狭长空间，以突出空间尽头的景物，而隐蔽视线两侧较贫乏的景观，此种左右两侧起隐蔽作用的前景称为夹景。夹景是运用透视线、轴线突出对景的手法之一，能起到障景的功效，如图2-40和图2-41所示。

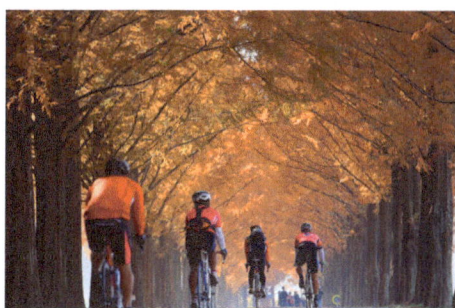

图 2-40　利用树冠形成的夹景

图 2-41　利用建筑形成的夹景

5. 植物的统一和联系功能

建筑物与建筑物之间、建筑物与其他景物之间，以及建筑与地面之间，常由于形状、色彩、地位及本质的不同而有不相联系或相联系而不相协调的现象发生。绿篱、行道树等有使彼此间联系与协调的作用。如图2-42所示，两组植物之间缺少联系，各自独立，没有一个整体的感觉，而图2-43中在两者之间栽植低矮的球形灌木，原先相互独立的两个组团被联系起来，形成了统一的效果。其实要想使独立的两个部分（如植物组团、建筑物或者构筑物等）产生视觉上的联系，只要在两者之间加入相同的元素，并且最好呈水平延展状态，如地被植物，从而产生"你中有我，我中有你"的感觉，就可以保证景观的视觉连续性，获得统一的效果，如图2-44所示，由于地被植物的出现，两个独立的植物组团成为一个景观单元。

图 2-42　两组植物之间缺少联系

图 2-43　两组植物间用低矮的球形灌木联系成一个整体

6. 植物的强调和标示功能

　　某些植物具有特殊的外形、色彩和质地，能够成为众人瞩目的对象，同时也会使其周围的景物被关注，这一点就是植物强调和标示的功能。在一些公共场所的出入口、道路交叉点、庭院大门、建筑入口等需要强调、指示的位置，合理配置植物能够引起人们的注意。如图 2-45 所示，水杉在该设计中如同"惊叹号"，成为瞩目的对象，也具有强调和标示的功能。

图 2-44　地被植物使两个独立的植物组团成为一个景观单元　　　　图 2-45　水杉的强调和标示功能

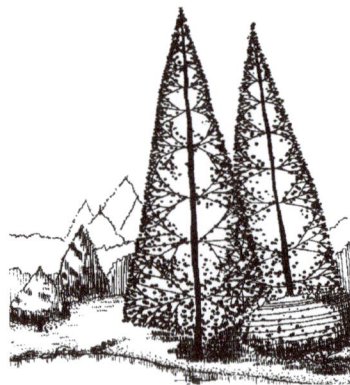

7. 植物的柔化功能

　　植物因为造型柔和、较少棱角、颜色多为绿色，令人感到放松，因此，在园林景观中被称为软质景观，所以在建筑物前、道路边沿、水体驳岸等处种植植物可以起到柔化的作用。如图 2-46 所示，建筑物墙基处栽植的灌木（叶子花）柔化了僵硬的墙基线。又如图 2-47 所示，水体驳岸处的水生植物对驳岸起到柔化的作用。

图 2-46　墙基处的叶子花柔化了僵硬的墙基线　　　　图 2-47　水生植物对驳岸起到柔化的作用

8. 植物的空间构筑功能

　　（1）利用植物创造空间　在室外植物可以像建筑材料一样充当地面、天花板、围墙、门窗等的作用，营造出通透或半通透、围合或半围合的空间。

　　1）利用茂密、高大的树冠构成顶面覆盖，充当天花板的作用。如图 2-48 所示，水杉林树冠相互搭接，构成封闭的顶面，创造舒适凉爽的林下休闲空间，也为其他耐荫植物创造适宜的生存环境。

　　2）利用分枝点低的植物冠丛形成立面上的围合，充当墙体的作用，形成围合空间，空间的封闭程度与植物种类、栽植密度有关。

图 2-48　水杉林创造舒适凉爽的林下休闲空间

图 2-49　低矮灌木形成空间边界

（2）利用植物组织空间　在园林设计中，除了利用植物组合创造一系列不同的空间之外，有时还需要利用植物组织园林空间，如图 2-49 所示，利用低矮灌木形成空间边界，修剪整齐的灌木充当了栏杆或矮墙的作用，用于组织或界定园林空间。

（3）利用植物拓展空间　在室内外空间分界处或建筑小品边界处，利用植物构筑过渡空间，也可以拓展建筑空间。如图 2-50 所示，利用半球形植物强化了水平方向线，仿佛花架构成的空间被延长了，其实是利用植物的造型令人们产生视觉上的错觉，从而使得空间具有了可延展性。

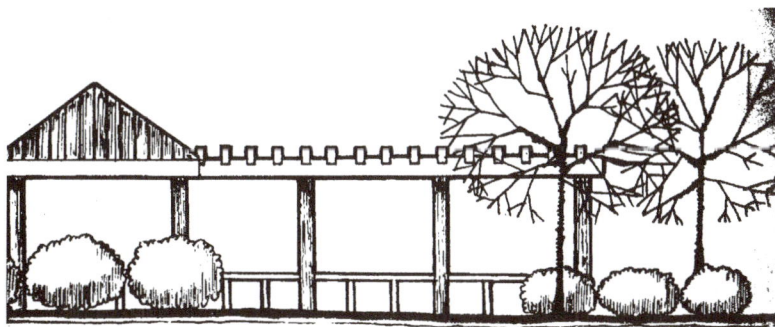

图 2-50　半球形植物强化了水平方向线拓展了花架空间

2.1.5　园林植物的配置原则

1. 园林植物配置总则

（1）设计总则

1）以总体规划为依据。园林植物的景观设计，或是局部的，或是总体的，都要服从园林绿地的功能或立意。任何景观都是"以人为本"来设计的，景观设计者必须把握总体规划，在大处着眼的基础上才能合理安排各个细节景点。

2）因地制宜、适用、经济、美观。绿地规划与设计主要是为使用者的需求而考虑的，各种空间、色彩和尺度均需做到所要表达主题的人性化，并尽量在成本费用上做到既经济又美观。

3）以植物造景为主。植物既具有生态、经济的各种功能，同时又具有各种景观艺术特性，在提倡生态园林的今天，利用植物造景是当代景观设计的一大主题。

4）适地适树。多采用本地植物种类和品种不仅能体现地方特色，还能防止外地树种的不适应性而造成的景观功能损失和经济损失。

5）表现诗情画意的意境美。意境美是中国古典园林的艺术精华，也正是现代园林所缺乏的。运用植物创造意境美是对优秀文化的继承，现代园林应加以提倡。

6）以人为本。任何景观都是为人而设计的，但人的需求并非完全是对美的享受，真正的以人为本应当首先满足使用者最根本的需求。

（2）设计细则 "完美的植物景观，必须具备科学性与艺术性两方面的高度统一，既要满足植物与环境在生态上的统一，又要通过艺术构图原理体现出植物个体及群体的形式美，以及人们在欣赏时所产生的意境美。"就具体的植物景观设计而言，还需注意以下几点原则：

1）顺应地势，割划空间。应顺应地形的起伏程度、水面的曲直变化以及空间的大小等各种现实自然条件和欣赏要求来合理划分植物空间。以植物为主景的园林景观，如若从平面划分绿地，则应以树木的树冠划分立面，形成植物空间。在现代园林设计中，经常用大草坪或疏林划出开旷明朗的空间，并用竹林或小径围合成安逸、私密、柔和的小空间。根据不同的地势划分出不同的功能场所，如群众性活动场所、休息场所或眺望场所，甚至纯装饰性绿化场所，然后根据不同的功能场所利用植物创造空间氛围。空间要似连似分，变化多样，方能形成景色各异的整体景观。而在平原湖泊地造景，利用植物的高低错落和围合进行层次分隔，增强水面和空间的深远感就显得更为重要。对原有地形，既不可一律保持，又不宜过分雕琢；既要处处匠心独运，又不露人工斧凿之痕迹，以达到"源于自然而高于自然"的目的。

2）空间多样，统一布局。现代园林空间艺术讲求植物造景，多以植物、土坡等分隔和划分空间。因此，植物种类要多样，配置要有一定景深，空间大小相济，避免一览无余并有豁然开朗之意境，营造"山重水复疑无路，柳暗花明又一村"的空间意境，但每一空间植物应丰富而不乱，变化中求统一。同一空间骨干树种要求单一，不同空间树种则要丰富多变。这样才既不流于单纯乏味，又不致繁琐杂乱。在自然风景区，采用同一种或数种具有相同观赏特性的树木，作为骨干树种对区域或局部进行大面积的丛植或片植，会形成壮丽景象。

3）主次分明，疏落有致。植物配置犹如音乐有高低音一样，要做到高低配合、错落有致。植物配置的空间，无论平面或立面，都要根据植物的形态、高低、大小、落叶或常绿、色彩、质地等，做到主次分明。群体配置时要充分发挥不同园林植物的个性特色，且必须突出主题、分清主次，不能千篇一律、平均分配。当用常绿树和落叶树混植造景时，常绿树四季常青，庄重但缺乏变化，而落叶树色彩丰富，轻快活泼富于变化但冬景萧条，故欲表达季相变化，突出鲜明的色调和空灵之感时，应以常绿高大植物作为背景，落叶小巧植物植于前可尽显春光秋色。对于高矮相差不大的灌木或地被，可以利用地势的起伏，或筑台砌阶，以增强高差，使之错落有致、层次分明。现代植物造景讲求群落景观，"师法自然"植物造景利用乔木、灌木、草坪形成林丛、树群时要注意深浅兼有、若隐若现、虚实相生、疏落有致，开朗中有封闭，封闭中辟开朗，以无形之虚造有形之实，体现自然环境美。一般而言，有可借之景（借景），透视线宜稀疏，或以高大枝干成框（框景），或植低矮灌木群落作铺垫；相反，若视野凌乱不堪，则以浓密遮之，即为障景，以达"嘉则收入，俗则屏之"的艺术效果。

4）立体轮廓，均衡韵律。群植景观常讲究优美的林冠线和曲折回荡的林缘线。植物空间的轮廓要有平有直，有弯有曲。等高的轮廓雄伟浑厚，但平直单调；变化起伏凹凸的轮廓丰富自然，但不可杂乱。不同的曲线应用于不同的意境景观中。行道树以整齐为美，而风景林以自然为美。立体轮廓线可以重复但要有韵律，尤其对于局部景观。自然式园林林缘线要曲折但忌繁琐，而空旷平整之地植树更应参差不齐、前后错落，且讲求树木花草的摆排位置，如孤植树在前，其次为树丛，树林常作为屏障背景，中间以花、草连接，层次鲜明而景深富于变化。

5）环境配置，和谐自然。在设计植物景观时，要注意植物与其周围建筑、小品以及水体等环境的配合造景。

2. 园林树木的配置原则

（1）首先考虑树木的生长发育特性及生态习性 各种园林树木在生长发育过程中，对光照、水分、温度、土壤等环境因子都有不同的要求。在进行园林树木配置时，只有满足园林树木的这些生态要求，才能使其正常生长、健壮和保持较长时间的稳定，才能充分地表现出设计意图。有些绿化工程贪图一时的绿化效果，从外地大量购进绿化树种用于本地绿化工程，结果造成人力、物力的严重浪费。为了满足园林树种的生态要求，树种的选择与配置应尽量做到适地适树，最好多采用乡土树种，使树木健康成长，充分发挥其自然面貌与典型之美；同时注意种间关系，建立相对稳定的植物群落，充分发挥树木改善气候的功能和卫生防护功能。

（2）符合园林绿地的功能要求

1）配置要体现设计意图，应明确园林植物要发挥的主要功能，如改善防护、美化环境或经济生产等多方面的功能，并掌握发挥主要功能应具备的要求。

2）在满足主要功能的前提下，应考虑如何配置才能取得较长期的效果。如在大树、大苗供不应求时，各地园林建设中大多采用种植"填充树种"的办法，更要考虑到三五年、十年甚至二十年以后的问题，应预先确定分批处理的措施和安排。

（3）考虑园林绿地的艺术要求

1）进行树木配置时要在大处着眼的基础上再安排细节问题。确定全园基调树种和各分区的主调树种、配调树种，以获得多样统一的艺术效果。全园因各分区主调树种不同而丰富多彩，又因基调树种一致而协调统一。

2）观赏树木的配置要体现色彩季相的变化和形体变化，做到四季有景可观，如春花、夏荫、秋色、冬姿。

3）植物配置时注意绿化、美化、香化的有机结合，选择在观形、闻香、赏色、听声等方面的有特殊观赏效果的树种植物，以满足游人不同感官的审美要求。如"万壑松风""雨打芭蕉"以及响叶杨等主要是听其声。

4）利用园林植物的意境美，使人们产生比拟联想，形成意境深远的景观效果。可以利用古诗景语中的"诗情画意"来造景，如引用诗句"疏影横斜水清浅，暗香浮动月黄昏"的意境，在园中挖池筑山，临池植梅，将古诗意境再现，让人们进入诗情画意之中。

5）园林植物的配置要与建筑相协调，起到陪衬和烘托作用。

6）园林植物的配置要与园林的地形、地貌及园路结合起来，取得景象的统一性。例如，图 2-51 中植物的配置方式与广场轮廓不相协调，图 2-52 中植物的配置方式与广场轮廓协调。

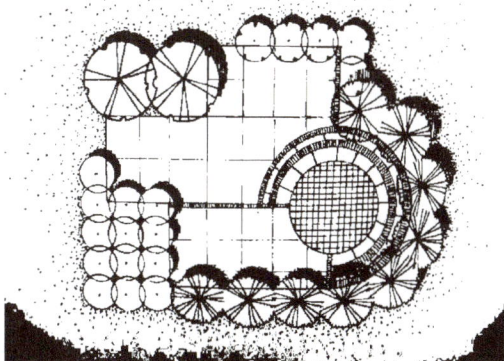

图 2-51　植物配置方式与广场轮廓不相协调　　　　**图 2-52　植物配置方式与广场轮廓协调**

7）木本园林植物的配置要给予足够的视觉空间展现植物的形态美，避免杂乱无章、密不透风。

8）地被植物的配置要注意边缘线条的自然美观，边缘线条常与周边地形地貌相结合。

（4）观赏树木配置中的经济原则　节约并合理使用名贵树种，多用乡土树种，可能时尽量用小苗，遵循适地适树的原则。根据苗木的市场价格灵活选择树种。园林结合生产，配置时可选用有食用、药用价值及可提供工业原料的经济树木。

（5）观赏树木配置中的特殊原则　在有特殊要求时，应有创造性，不必拘泥于园林树木的自然习性，应综合地利用现代科学知识、采取相应措施来保证园林树木配置的效果。

2.1.6　园林树木的配置方式

1. 孤植

孤植树在园林中通常有两种功能，一是作为园林空间的主景，展示树木的个体美；二是发挥遮荫功能。从观赏功能来考虑，孤植树要求姿态优美，色彩鲜明，树体高大，寿命较长，特色显著；从遮荫角度来考虑，孤植树应是树冠宽大，枝叶茂盛，叶大荫浓，病虫害少，无飞毛、飞絮污染环境。孤植树是园林构图中的主景，因而要求栽植地点位置较高、四周空旷，便于树木向四周伸展，并有较适宜的鉴赏视距，中间不要有别的景物遮挡视线。在地形规则的构图中，孤植树一般位于构图的中心位置，如广场中心，大草坪或林中空地的构图重心上（图2-53）；在地形复杂的自然式布景中，孤植树一般位于游人视线的焦点位置，如在开阔的水边、可以眺望远景的高地（图2-54）或在自然式园路、河岸、溪流的交叉口。

图2-53　大草坪的构图重心

图2-54　可以眺望远景的高地

孤植树木的形体特色大体应从以下几个方面来考虑：一是体形特别高大，能给人以雄伟浑厚的感觉，如榕树、香樟等；二是树体轮廓优美，姿态富于变化，枝叶线条突出，给人以龙飞凤舞、神采飞扬的艺术感染力，如柳树，合欢等；三是开花繁多，色彩艳丽，景观宏伟，给人绚烂缤纷的感受，如木棉、玉兰等；四是具有香味，如白兰、桂花等；五是具有变色叶，如枫香、银杏等。从遮荫的角度来选择孤植树时，要选择分枝点高、树冠展开的树木，如香樟、核桃、悬铃木等。树冠不开展、呈圆柱形或尖塔形的树种，如雪松、云杉等，均不适用于遮荫。孤植树以其自身优良的观赏特性可以独自成景，为增强其观赏效果常配置于宽阔开敞的草坪上，以绿色的草地作为背景，配置时注意不要植于草坪的正中心，而应偏于一端布置在构图的自然中心，与草坪周围的景物相呼应；也可以配置在开敞的水边，以明亮的水色作为背景；还可以配置于大型广场上，既创造观赏景点，又可为广场上的人群遮荫。为这些开阔空间选择的孤植树，雄伟高大是首先应该保证的条件，同时树种的色彩也要与周围的环境相协调。在较小的空间应用孤植树造景时，选择的树种要小巧玲珑，外形优美潇洒，色彩艳丽，最好是观花或观叶树种，如鸡爪槭、玉兰等。孤植树配置于山冈上或山脚下，既有良好的观赏效果，又能起到改造地形、丰富天际线的作用。在道路的转弯处配置姿态优美或色彩艳丽的孤植树有良好的景观效果。在以树群、建筑或山体为背景配置孤植观赏树时，要注意所选孤植树在色彩上与背景应有反差，在树形上也能协调。

2. 对植

对植是将数量大致相等的树木对称地种植。对植与孤植不同，对植的树木不是主景，而是起衬托作用的配景。

在规则式构图中对植多应用于出入口、建筑物门前等轴线的左右，相对地栽植同种、同形的树木，要求外形整齐美观，树体大小一致（图 2-55）。这时选用的对植树种在姿态、体量、色彩上要与景点的思想主题相吻合，发挥其衬托作用，不能喧宾夺主。两株树的对植要用同一树种，姿态可以不同，但动势要向构图的中轴线集中，不能形成背道而驰的局面，影响景观效果。

在自然式对植中，对植可设计在构图轴线两侧（图 2-56），互相呼应，但不强调对称，可以是几株树或两个树丛、树群的对植只作为配景，主景在轴线集中的位置，主要用于引导游客，同时结合庇荫、休息等功能。这时选择的树种和组成要比较近似，栽植时注意避免呆板的绝对对称，但又必须形成对应，给人以均衡的感觉。

图 2-55　规则式对植　　　　　　　　　　　图 2-56　自然式对植

3. 列植

列植是对植的延伸，指成行成带地种植树木，属于对称配置，所以列植树木要保持两侧的对称性，当然这种对称并不一定是绝对的对称。列植在园林中可作为园林景物的背景，种植密度较大的可以起到分割隔离的作用形成树屏，这种方式使夹道中间形成较为隐秘的空间。通往景点的园路可用列植的方式引导游人视线，这时要注意不能对景点形成压迫感，也不能遮挡游人。在树种的选择上要考虑能对景点起到衬托作用的种类，如景点是已故伟人的塑像或英雄纪念碑，列植树种就应该选择具有庄严肃穆气氛的圆柏、雪松等。列植应用最多的是公路、铁路及城市街道行道树，因为这些道路一般都有中轴线，最适合采取列植的配置方式。在行道树的树种选择上，首先要有较强的抗污染能力，在种植上要保证行车行人的安全，然后还要考虑生态功能、遮荫功能和景观功能。

4. 丛植

将几株至一二十株同种类或相似种类的树种较为紧密地种植在一起，使其林冠线彼此密接而形成一个整体的外轮廓线，这种配置方式称为丛植。丛植形成的树丛有较强的整体感，个体也要能在统一的构图之中表现其个体美，所以丛植树种选择的条件与孤植树相似，必须挑选在树形、树姿、色彩等方面有特殊价值的种类。从景观角度考虑，丛植需符合多样统一的原则，所选树种要相同或相似，但树的形态、姿势及配置的方式要多变化，不能对植、列植或形成规则式树林。丛植时对树木的大小、姿态都有一定的要求，要体现出对比与和谐。丛植形成的树丛既可做主景也可以做配景，做主景时四周要空旷，有较为开阔的观赏空间和通透的视线，或栽植点位置较高，使树丛主景突出。树丛配置在空旷草坪的视点中心上，具有极好的观赏效果，如图2-57中凤尾丝兰的丛植；在水边或湖中小岛上配置，可作为水景的焦点，能使水面和水体活泼而生动，如图2-58中南洋杉的丛植；公园进门后配置一丛树丛既可观赏又有障景的作用。丛植有较强的整体感，少量株数的丛植有独赏树的艺术效果。树丛与岩石组合，设置于白粉墙前、走廊或房屋的角隅组成景观是常用的手法。除做主景外，树丛可以做假山、雕塑、建筑物或其他园林设施的配景，同时，树丛还能做其他植物的背景，如用雪松、油松或其他常绿树丛植做背景，前面配置桃花等早春观花树木或花境均有很好的景观效果。

图2-57　凤尾丝兰的丛植

图2-58　南洋杉的丛植

　　经典的树丛设计讲求一些原则，如三株一丛构成不等边三角形的变化，但树种选择必求一致或至少形似，以产生统一。若树种仅有两种，则单独一株不能为最大，且必须与最大一株为同种，由此以体现树种优势和形态的突出。四株和五株的树位基本遵循三株树丛的规律，但要注意围合出一定的封闭空间。丛植的树种之间的配合有以下几种情况：

　　（1）二株树的配合　二株树距离靠近，则为一个整体（图2-59），如栽植距离大于成年树的树冠，就成二株独树而不是一个树丛。不同树种如外观上十分类似，可以考虑配植在一起。

　　（2）三株树的配合　三株树最好选用同一树种，且大小、姿态不同，栽植点不在同一直线上，一大一小者近，中者稍远。三株树配合如果选用两个树种，最好同为乔木、灌木、常绿树或落叶树，其中中者为一种树距离稍远，小者与大者为另一种树距离较近，如图2-60所示为三株苏铁的配合。

图2-59　两株酒瓶椰子的配合

图2-60　三株苏铁的配合

　　（3）四株树的配合　四株树的配合分为以下两种情况。

　　1）同种树：四株树可分为3:1两组，选中偏大的单独作为一组（图2-61）。

　　2）两种树：一般不分组，一种树3株，另一种树1株做主景植于3株之间，形成一个整体。

　　（4）五株树的配合　五株树可分为3:2（图2-62）或4:1两组，任何三株树的栽植点不能在同一直线上，若用两种树，株数少的两株树应分植于两组中（图 2-63）。

图 2-61　四株苏铁的配合

图 2-62　五株苏铁的配合

5. 聚植

由二三株至一二十株不同种类的树种组配成一个景观单元的配置方式称为聚植（图 2-64）。一般聚植有主景、从景、前景和添景之分。

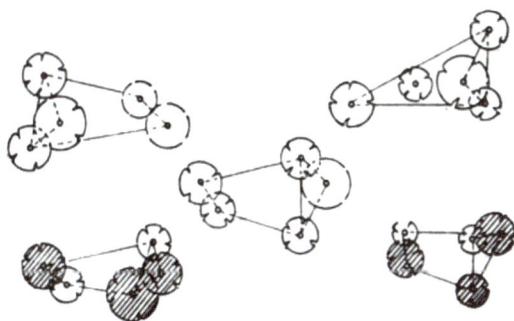

图 2-63　五株树的配合形式

图 2-64　聚植

6. 群植

由二三十株以至数百株的乔木、灌木成群配植称为群植，形成的群体称为树群。树群若由单一树种组成就称为单纯树群，若由数个树种组成则称为混交树群。当由一个树种组成时，为丰富其景观效果，树下可用耐荫宿根花卉作为地被植物（图 2-65）。由数个树种组成的树群具有多层结构，水平与垂直郁闭度均匀，其组成层次至少 3 层，多至 6 层（图 2-66）。

图 2-65　单纯树群

图 2-66　混交树群

树群与树丛的区别在于：一是组成树群的树木种类或数量较多；二是树群的群体美是主要考虑的对象。图 2-67 中注意了树群林冠线、林缘线的优美，体现了树群的群体美，树群对树种个体美的要求没有树丛严格，因而树种选择的范围要广，图2-68中树群不紧凑，整个树群缺乏整体感。由于树群的树木数量多，特别是对较大的树群来说，树木之间的相互影响、相互作用会变得突出，因此，在树群的配置和营造中要十分注意各种树木的生态习性，创造满足其生长的生态条件，在此基础上才能配置出理想的植物景观。从生态角度考虑，高大的乔木应分布于树群的中间，亚乔木和小乔木在外层，花灌木在更外围，要注意耐荫植物种类的选择和应用。从景观营造角度考虑，要注意树群林冠线、林缘线的优美及色彩季相效果。一般常绿树在中央可作为背景，落叶树在外缘，叶色及花色艳丽的种类在更外围，要注意配置画面的生动活泼。树群的位置应选在有足够面积的开阔场地上，如靠近林边开阔的大草坪上、小山坡上、小土丘上、小岛及有宽广水面的水滨。树群常作为主景或邻界空间的隔离，其内一般没有园路经过。

图 2-67　树群的群体美

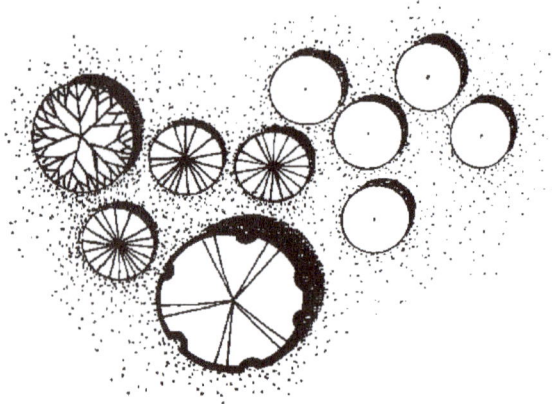

图 2-68　树群缺乏整体感

树群在园林中的观赏功能与树丛比较近似，在开敞宽阔的草坪及小山坡上都可用做主景，尤其配置于水滨效果更佳。由于树群树种多样，树木数量较大，尤其是形成群落景观的大树群具有极高的观赏价值，同时对城市环境质量的改善又有巨大的生态作用，因此它是今后园林景观营造的发展趋势之一。

7. 林植

凡成片、成块大量栽植乔木、灌木，构成林地或森林景观的配植称为林植（图2-69），可分为密林和疏林两种。密林应选用生长健壮的地方树种。疏林多与草地结合，成为"疏林草地"，夏天可庇荫，冬天有阳光，草坪空地供人们游玩、休息、活动。疏林的树种有较高的观赏价值，树冠疏朗开展，落叶树居多。林植时要疏密相间，有断有续，自由错落。

8. 散点植

散点植指以单株在一定面积上进行有韵律、有节奏地散点种植，有时可以由双株或三株的丛植作为一个点来进行疏密有致的扩展。每个点不是如独赏树般给予强调，而是着重点与点间有呼应的动态联系。散点植的配植方式既能表现个体的特性又使之处于无形的联系之中（图2-70）。

图 2-69　林植

图 2-70　散点植

2.1.7 灌木的配置方式

1. 灌木在园林中的应用

灌木在园林植物群落中属于中间层，起着乔木与地面、建筑物与地面之间的连贯和过渡作用。其平均高度基本与人平视高度一致，极易形成视觉焦点，在园林景观营造中具有极其重要的作用，加上灌木种类繁多，既有观花的也有观叶、观果的，更有花果或果叶兼美的。灌木还常以球形在园林植物景观中配置，丰富植物景观的层次。总地来说，灌木在园林中有以下几个方面的作用：

（1）与其他园林植物的配置

1）与草坪或地被植物的配置。如以草坪或地被植物为背景，在上面配置三角梅、八仙花、榆叶梅、贴梗海棠、杜鹃、月季等红色系花灌木，或配置连翘、棣棠、云南黄馨、迎春等黄色系灌木以及紫叶小檗、红花继木等常色叶灌木，既能造成地形的起伏变化丰富地表的层次感，又克服了色彩上的单调感，还能起到相互衬托的作用。

2）与乔木树种的配置。灌木与乔木树种配置能丰富园林景观的层次感，创造出优美的林缘线，同时还能提高植物群体的生态效益。在配置时要注意乔木、灌木树种的色彩搭配，突出观赏效果。乔木与灌木的配置也可以乔木作为背景，前面栽植灌木以提高观赏效果，如用常绿的雪松作为背景，前面用碧桃、海棠等红花系灌木配置，观赏效果十分显著。或以乔木为主景，乔木下面有韵律地配置球形灌木，可创造出丰富的景观层次感。

（2）配合和联系景物 灌木通过点缀和烘托可以使主景的特色更加突出，假山、建筑、雕塑、凉亭都可以通过灌木的配置而显得更加生动。同时，景物与景物之间或景物与地面之间，由于形状、色彩、地位和功能上的差异，彼此孤立缺乏联系，而灌木可使它们之间产生联系获得协调。例如，在建筑物垂直的墙面与水平的地面之间用灌木转接和过渡，利用它们的形态和结构，缓和了建筑物和地面之间机械、生硬的对比，对硬质空间起到软化作用。作为绿篱的灌木对观景赏物还有组织空间和引导视线的作用，可以把游人的视线集中引导到景物上。

（3）单独构成景物 灌木以其自身的观赏特点可单株栽植如孤植树般欣赏，如常用的观赏价值较高的红花继木球、金叶女贞球、红叶石楠球等，又可以群植形成整体景观效果，如在水边配置一片苏铁可营造热带风光。

（4）布置花境 花灌木中许多观赏价值较高的种类可配合草本花卉植物一起作为布置花境的材料，与草本植物相比，花灌木作为花境材料具有更大的优越性，如生长年限长、维护管理简单、适应性强等，但目前应用尚少。充分利用灌木丰富多彩的花、叶、果的观赏特点和随季节变化的规律布置花境景观是今后灌木应用很有前途的发展方向。

（5）布置专类园 花灌木中很多品种种类多、应用广泛，深受人们的喜爱，如月季品种已达 2 万多种，有藤本的、灌木的、树状的、微型的等，花色更是十分丰富，这类花灌木常常布置成专类园供人们集中观赏。适合布置专类园的花灌木还有杜鹃、牡丹、碧桃、梅花、山茶、海棠、紫薇等。另外，花朵芳香的花灌木还可以布置成芳香园供人们闻赏花香。

（6）吸引昆虫及鸟类 花灌木开花时节能吸引蜜蜂、蝴蝶等昆虫飞翔其间，果实成熟时又招来各种鸟类前来啄食，丰富了园林景观的内容，创造出鸟语花香的意境。

（7）做基础种植 低矮的灌木可以用于建筑物的四周、园林小品和雕塑基部作为基础种植，既可遮挡建筑物墙基生硬的建筑材料，又能对建筑物和小品雕塑起到装饰和点缀作用。

2. 灌木应用中应该注意的问题

（1）了解灌木对光照的需求 灌木种类不同，生态习性也存在较大差异，了解各种灌木的生态习性是营造理想景观效果的基础。如耐荫的灌木有八角金盘、八仙花、珍珠梅、含笑等，这些具备较强耐荫性的灌木，是林下地被的最佳选择。有的灌木如月季、碧桃、榆叶梅等不耐荫，光照不足时生长开花不良，应栽植在空旷的地段。对大多数喜光又有一定耐荫性的灌木，如山茶、栀子、杜鹃等，可植于较疏的林下或密林边缘。而对牡丹来说，开花前喜光，开花后需适当遮荫以免灼伤叶片，其上方就应栽植发芽晚的落叶树种，开花前不遮挡阳光，开花后上方树木展叶正好起到遮荫作用。因为灌木整体处于园林空间的中间位置，了解各种灌木对光的需求状况具有特殊重要意义。

（2）灌木的色彩配置　色彩丰富是灌木的突出特点，也是灌木应用中应该首先考虑的因素。红色、橙色、黄色等暖色的花给人们以温暖、热烈、辉煌、兴奋的感觉，而蓝色、紫色的花属于冷色系，给人以冷凉、清爽、娴雅、平和之感。灌木应用中就要充分考虑人们的感受，如春秋多栽暖色花，炎夏多栽冷色花。要根据栽植场所和应用目的不同来选择不同的灌木，例如，公园入口、园路两边、水体边、常绿树前可用色彩艳丽的红色、黄色等灌木烘托气氛，如红花继木与金叶女贞搭配创造观赏景点；而在安静休息区适合配置白色、紫色、蓝色系的灌木创造优雅、恬静、清爽的环境，如白色的栀子、山茶，蓝色的八仙花等。灌木作为配景时，其色彩要对主景起到装饰衬托作用，决不能喧宾夺主。

2.1.8　草坪的配置方式

1. 草坪作基调的配置

绿色的草坪是城市景观最理想的基调，是园林绿地的重要组成部分。如同绘画一样，草坪是画面的底色和基调，而色彩艳丽、轮廓丰富、变化多样的树木、花卉、建筑、小品等则是主角和主调。如果园林中没有绿色的草坪作基调，这些树木、花卉、建筑、小品无论色彩如何绚丽、造型如何精致，由于缺乏底色的对比与衬托，得不到统一的美感，就会显得杂乱无章，景观效果明显下降。

2. 草坪与其他植物材料的配置

（1）草坪与乔木树种的配置　草坪与孤植树、树丛、树群相配置既可以表现树体的个体美，又能加强树群、树丛的整体美。疏林与草地给合，形成"疏林草地"景观，这是目前应用较多的设计手法，既能满足人们在草地上休憩娱乐的需要又可起到遮荫功能，同时这种景观又最接近自然，满足都市居民回归自然的心理。由几株到多株树木组成的树丛和树群与草坪配置时，宜选择高耸干直的高大乔木，中层配置灌木作为过渡，就可与地面的草坪配合形成丛林的意境，如能借助周围的自然地形，如山坡、溪流等，则更能显示山林绿地的意境。这种配置如果以树丛或树群为主景，草坪为基调，则一般要把树丛、树群配置于草坪的主要位置，或作局部的主景处理，要选择观赏价值高的树种以突出景观效果，如春季观花的木棉、玉兰，秋季观叶的乌桕、银杏、枫香、紫叶李、雪松等都适宜作为草坪上的主景树群或树丛。如果以草坪为主景，树丛、树群做背景种植，应该把树丛、树群配置于草坪的边缘，增加草坪的开阔感，丰富草坪的层次。这时选择的树种要单一，树冠形状、高度与风格要一致，结构应适当紧密，并与草坪的色彩相适宜，不能杂乱无章或没有主次。

（2）草坪与花卉的配置　用花卉布置花坛或花境时，一般要用草坪镶边或做背景来提高花坛、花境的观赏效果，使鲜艳的花卉和生硬的路面之间有一个过渡，显得生动而自然，避免产生突兀的感觉。草坪上种植如郁金香、石蒜、水仙等可形成缀花草坪，增强观赏效果，这种缀花草坪仍以草坪为主体，花卉只起点缀作用。草坪还可以与花卉混合块状种植，即在草坪上留出成块的土地用于栽植花卉，草坪与花卉呈镶嵌状态，开花时两者相互衬托，相得益彰，具有很好的观赏效果。

（3）草坪与花灌木的配置　园林中栽植的花灌木经常用草坪作为基调和背景，而花灌木则作为主景。如常以观赏价值较高的球形灌木做主景，散点植于草坪上，形成类似"疏林草地"的效果。又如北京植物园碧桃园以草坪为衬托，加上地形的起伏，当桃花盛开时，鲜艳的花朵与碧绿的草地形成一幅美丽的图画，景观效果非常理想。大片的草坪中间或边缘用碧桃、樱花、海棠、连翘、迎春或棣棠等花灌木点缀，能够使草坪的色彩变得丰富起来，并引起层次和空间上的变化，提高草坪的观赏价值。

3. 草坪与山体、水体、道路的配置

用置石点缀草坪是常用的手法，如在草坪上以散点置的方式，疏密有致、高低落地摆放置石，再配以乔木、灌木、草坪。也可以在草坪上埋置石块，半露土面，给草坪绿地带来雅趣与野趣。在水池、溪流、湖岸边配置草坪能够使水面开阔，为人们提供观赏水景的最佳场所，便于游人停步坐卧于平坦的草坪之上，既可稍事休息又能眺望水面的秀丽景色。随着城市街道、高速公路两边及分车带草坪用量的增加，用草坪和道路进行配置的方法越来越引起人们的重视。用草坪配置道路的两边及分车带可以装饰道路，美化道路环境，又不遮挡视线，还能提供一个交通缓冲地带，减少交通事故的发生，减轻事故伤亡程度。

4. 草坪边缘的处理、装饰和保护管理

草坪的边缘处理作为草坪的界限标志，也是组成草坪空间感的重要因素，草坪的边缘是草坪与路面、草坪与其他景观的分界线，可以实现向草坪的自然过渡，并对草坪起到装饰美化作用。草坪边缘有的用直线形成规则式，有的采用曲线形成自然式，有的用其他材料镶边，有的则用花卉、灌木镶边增强草坪的景观效果。

任务 2.2　道路植物景观设计

2.2.1　常用行道树树种

1. 银杏

【别名】白果，公孙树
【科属】银杏科　银杏属
【主要特征】落叶乔木，高 40m 以上。枝斜出开展，具长短枝。叶革质扇形，有 2 叉叶脉，顶端常 2 裂，有长柄，在长枝上互生，短枝上簇生。雌雄异株。花期 4 月~5 月，10 月果实成熟，外果皮肉质有恶臭味，种子白色可食。其是第四纪冰川运动后遗留下来的裸子植物中最古老的孑遗植物，有"活化石"的美称。
【观赏用途】银杏（图 2-71）雄伟挺拔，古朴清幽，叶形如扇，秋叶金黄临风如金蝶飞舞，别具风韵。寿命长，病虫害少，是理想的独赏树，行道树和庭荫树，也是制作盆景的好材料。

2. 水杉

【别名】梳子杉
【科属】杉科　水杉属
【主要特征】落叶乔木，高达 35m，胸径达 2.5m。树干基部常膨大。树皮呈灰色、灰褐色或暗灰色，幼树裂成薄片脱落，大树裂成长条状脱落。枝斜展，小枝下垂，幼树树冠尖塔形，老树树冠广圆形，枝叶稀疏。一年生枝光滑无毛，幼时为绿色后渐变成淡褐色，二三年生枝为淡褐灰色或褐灰色。侧生小枝排成羽状，长 4~15cm，冬季凋落。水杉是世界上珍稀的孑遗植物，也有"活化石"之称。
【观赏用途】水杉（图 2-72）的叶色随着季节发生变化，春季为嫩绿色，夏季为深绿色，秋季为黄褐色，冬季落叶后可观赏其笔直挺拔的树形。在园林中最适于列植，也可丛植、片植，可用于堤岸、湖滨、池畔、庭院等绿化。水杉对 SO_2 有一定的抵抗能力，是工矿区绿化的优良树种。

图 2-71　银杏秋季道路景观

图 2-72　水杉春季道路景观

3. 悬铃木

【科属】悬铃木科　悬铃木属

【主要特征】落叶乔木，高达 30m。树干通直，枝条开展，冠大，遮荫面广，树皮剥落后树干灰绿光滑。叶大，掌状 5～7 裂。花序头状，呈黄褐色。多数坚果聚合呈球形，3～6 球成一串，果柄长而下垂。花期 4 月—5 月，果 9 月—10 月成熟。

【观赏用途】悬铃木（图 2-73）树形雄伟端正，叶大荫浓，树冠广阔，干皮光洁，繁殖容易，具有极强的抗烟、抗尘能力，对城市环境的适应能力极强，有"行道树之王"之称。但在应用上应注意，由于其幼枝幼苗上具有大量星状毛，如吸入呼吸道会引起肺炎。除作为行道树栽植外，还可植为庭荫树、孤植树。

4. 栾树

【别名】木栾、栾华

【科属】无患子科　栾树属

【主要特征】落叶乔木，高达 15m。树皮呈灰褐色，细纵裂。小枝稍有棱，无顶芽，皮孔明显。奇数羽状复叶，长达 40cm，小叶 7～15 片，卵形或卵状椭圆形，缘有不规则粗齿，近基部常有深裂片，背面沿脉有毛。花小，金黄色，顶生圆锥花序，宽而疏散。蒴果为三角状卵形，长 4～5cm，顶端尖，成熟时呈红褐色或橘红色。花期 6 月—7 月，果 9 月—10 月成熟。

【观赏用途】栾树（图 2-74）树形端正，枝叶茂密而秀丽，春季嫩叶多为红色，入秋叶色变黄，夏季开花满树金黄，蒴果红色，是理想的绿化、观赏树种，宜作为行道树、庭荫树及园景树。

图 2-73　悬铃木夏季道路景观

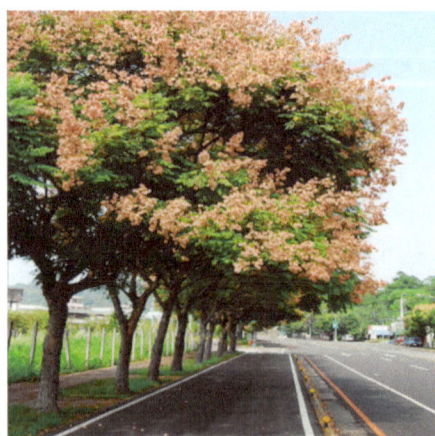

图 2-74　栾树夏季道路景观

5. 黄葛树

【别名】黄桷树、大叶榕

【科属】桑科　榕属

【主要特征】高大落叶乔木，板根延伸达 10m 外，支柱根形成对干，胸围达 3～5m。叶互生，叶柄长 2.5～5cm。托叶广卵形，急尖，长 5～10cm。叶片纸质，长椭圆形或近披针形，长 8～16cm，宽 4～7cm，先端短渐尖，基部钝或圆开，边缘全缘，基出脉 3 条，侧脉 7～10 对，网脉稍明显。其具有顽强的生命力，根深杆壮，枝繁叶茂，生长快，寿命长，忍高温，耐潮湿，抗污染。

【观赏用途】黄葛树（图 2-75）茎干粗壮，树形奇特，悬根露爪，蜿蜒交错，古态盘然。树叶茂密，叶片油绿光亮。枝杈密集，大枝横伸，小枝斜出虬曲。适合作为行道树、孤植等。

图 2-75　黄葛树孤植

6. 香樟

【别名】樟树、樟木

【科属】樟科　樟属

【主要特征】常绿大乔木，高可达 30m，直径可达 3m，树冠广卵形。枝、叶及木材均有樟脑气味。树皮呈黄褐色，有不规则的纵裂。叶互生，卵状椭圆形，长 6～12cm，宽 2.5～5.5cm，先端急尖，基部宽楔形至近圆形，边缘全缘，软骨质，有时呈微波状，上面呈绿色或黄绿色，有光泽，下面呈黄绿色或灰绿色，晦暗，两面无毛或下面幼时略被微柔毛，具离基三出脉，老叶落叶前变成红色。

图 2-76　香樟庭荫树

【观赏用途】香樟（图 2-76）姿态雄伟，冠如华盖，有香气，能吸烟滞尘、涵养水源、固土防沙和美化环境，是城市绿化的优良树种，广泛作为庭荫树、行道树、防护林等。又因其对多种有毒气体抗性较强，有较强的吸滞粉尘的能力，常被用于城市及工矿区。

7. 广玉兰

【别名】荷花玉兰、洋玉兰

【科属】木兰科　木兰属

【主要特征】常绿乔木，高达 30m。树皮呈淡褐色或灰色，薄鳞片状开裂。小枝、芽、叶下面，叶柄，均密被褐色或灰褐色短绒毛（幼树的叶下面无毛）。叶厚革质，椭圆形，长圆状椭圆形或倒卵状椭圆形，叶面呈深绿色，有光泽。花白色，有芳香，直径 15～20cm。聚合果圆柱状长圆形或卵圆形，花期 5 月—6 月，果期 9 月—10 月。

【观赏用途】广玉兰（图 2-77）叶厚而有光泽，花大而香，树姿雄伟壮丽，四季常青，病虫害少，因而是优良

图 2-77　广玉兰

的行道树种，不仅可以在夏日为行人提供必要的庇荫，还能很好地美化街景。

8. 鹅掌楸

【别名】马褂木

【科属】木兰科　木兰属

【主要特征】落叶乔木，高达 40m，胸径 1m 以上，小枝呈灰色或灰褐色。叶马褂状、花杯状，花被片 9，聚合果长 7~9cm，花期 5 月，果期 9 月—10 月。

【观赏用途】鹅掌楸（图 2-78）树形端正雄伟，叶形奇特文雅，花大而美丽，为世界珍贵树种之一，17 世纪从北美引种到英国，因其黄色花朵形似杯状的郁金香，故欧洲人称之为"郁金香树"，是城市中极佳的行道树、庭荫树种，无论丛植、列植或片植于草坪、公园入口处，均有独特的景观效果，对有害气体的抵抗性较强，也是工矿区绿化的优良树种之一。

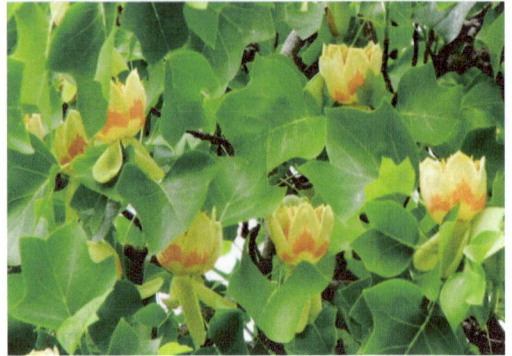

图 2-78　鹅掌楸

9. 红花羊蹄甲

【别名】红花紫荆、洋紫荆

【科属】豆科　羊蹄甲属

【主要特征】常绿乔木，树高 6~10m。叶革质，圆形或阔心形，长 10~13cm，顶端二裂，状如羊蹄，裂片约为全长的 1/3，裂片端圆钝。总状花序或有时分枝而呈圆锥花序状，花呈红色或红紫色，花大如掌，10~12cm。花瓣 5 片，其中 4 瓣分列两侧，两两相对，而另 1 瓣则翘首于上方，形如兰花状。有近似兰花的清香，故又被称为"兰花树"。花期 11 月至翌年 4 月。

【观赏用途】红花羊蹄甲（图 2-79）花大如掌，略带芳香，盛开时繁英满树，终年常绿繁茂，颇耐烟尘，特适于做行道树。

10. 蓝花楹

【别名】蓝雾树、巴西紫葳、紫云木

【科属】紫葳科　蓝花楹属

【主要特征】落叶乔木，高达 15m。叶对生，为 2 回羽状复叶，羽片通常在 16 对以上，每 1 羽片有小叶 16~24 对。小叶椭圆状披针形至椭圆状菱形，长 6~12mm，宽 2~7mm，顶端急尖，基部楔形，边缘全缘。花蓝色，花序长达 30cm，直径约 18cm。蒴果木质，扁卵圆形，长宽均约 5cm，中部较厚，四周逐渐变薄，不平展。花期 5 月—6 月和 9 月—10 月。

【观赏用途】蓝花楹（图 2-80）每年夏、秋两季各开一次花，盛花期满树紫蓝色花朵，十分雅丽清秀。特别是在热带，开蓝花的乔木种类较罕见，所以蓝花楹实为一种难得的珍奇木本花卉，常用作孤植树和行道树。

图 2-79　红花羊蹄甲行道树景观

图 2-80　蓝花楹行道树景观

11. 日本早樱

【别名】东京樱花、彼岸樱

【科属】蔷薇科　樱属

【主要特征】落叶乔木，高 4 ~ 16m，树皮呈灰色。小枝呈淡紫褐色，无毛，嫩枝呈绿色，被疏柔毛。冬芽卵圆形，无毛。叶片椭圆卵形或倒卵形，花序伞形总状，总梗极短，有花 3 ~ 4 朵，先叶开放，花直径 3 ~ 3.5cm。花期 4 月，果期 5 月。花期很短，仅保持 1 周左右就凋谢。

【观赏用途】日本早樱（图 2-81）树姿洒脱开展，花盛开时如玉树琼花、如云似霞、堆云叠雪，夏季枝叶繁茂绿荫如盖，作为次干车行道或人行道上的行道树异常美丽。

12. 日本晚樱

【别名】重瓣樱花

【科属】蔷薇科　樱属

【主要特征】落叶乔木，高 3 ~ 8m，树皮呈灰褐色或灰黑色，有唇形皮孔。叶片卵状椭圆形或倒卵椭圆形，先端渐尖，基部圆形，边有渐尖单锯齿及重锯齿，伞房花序总状或近伞形，有花 2 ~ 3 朵，花瓣呈粉色。花期 4 月—5 月，果期 6 月—7 月。

【观赏用途】日本晚樱（图 2-82）花大而芳香，盛开时繁花似锦，既有梅之幽香又有桃之艳丽，观赏价值极高。群植、列植效果极佳。

图 2-81　日本早樱行道树景观

图 2-82　日本晚樱行道树景观

小结：常用行道树树种

1. 常绿树种

香樟、黄葛树（大叶榕）、广玉兰、天竺桂、小叶榕、峨眉含笑、雪松、桂花、杜英、大叶女贞、蒲葵、棕榈、罗汉松等。

2. 落叶树种

银杏、水杉、悬铃木、栾树、鹅掌楸（马褂木）、羊蹄甲、紫薇、君迁子、蓝花楹、臭椿、苦楝、朴树、国槐、刺槐、枫杨（麻柳树）、刺桐、玉兰、樱花、紫叶李、黄连木、天师栗（七叶树）、无患子、秋枫（三叶木）、青桐、喜树（千丈树）、合欢、乌桕等。

3. 特殊环境也可选用果树作为行道树

柿子、甜橙、柚子、柑橘、桃等。

2.2.2 城市道路分类

道路植物景观设计是指经过科学、合理、艺术的设计，在各种不同性质、等级和类别道路的绿地上栽植植物，达到改善环境、辅助交通组织、美化环境景观、创造宜人活动空间的目的，发挥道路的综合功能的活动。

城市道路是指城市建成区范围内的各种道路，具有交通、城市构造、设施承载、环境美化、防灾避险等综合功能。城市道路是城市交通系统的骨架，是维持城市生活与生产活动正常秩序的支撑网络。城市道路体现着城市运作的有序与高效，也为展示城市文化、地域风貌、人居生活质量起到了重要的窗口作用。

为保证城市中生产、生活正常进行，交通运输经济合理，按照现行城市道路交通规划设计规范，将城市道路分为快速路、主干路、次干路和支路四类。

（1）快速路　快速路完全为交通功能服务，是解决城市长距离、快速交通要求的主要道路。快速路进出口应采用全控制或部分控制。四车道以上，设有中央分隔带，全部或部分采用立体交叉，与次干道可采用平面交叉，与支路不能直接相交。设计车行速度为 60～80km/h。

（2）主干路　主干路是以交通功能为主的城市道路，是大、中城市道路系统的骨架，是城市各区之间的常规中速交通道路。行车全程可以不设立体交叉，基本为平面交叉，通过扩大交叉口来提高通行能力。一般为六车道，机动车、非机动车分离，其设计车行速度为 40～60km/h。

（3）次干路　次干路是城市区域性的交通干道，为区域交通集散服务，兼有服务功能，配合主干路组成道路网，起到广泛连接城市各部分与集散交通的作用。一般是四车道，可不设非机动车道，可设置停车场。

（4）支路　支路是联系各居住小区的道路，解决地区交通，直接与两侧建筑物出入口相连接，以服务功能为主。

为了使道路既能满足使用要求，又节约土地及投资，《城市道路绿化规划与设计规范》（CJJ 75—1997）规定，除快速路外，城市各类道路根据城市规模、设计交通量、地形等分为Ⅰ、Ⅱ、Ⅲ级。一般情况下，大城市应采用各类指标中的Ⅰ级标准，中等城市应采用各类指标中的Ⅱ级标准，小城市应采用各类指标中的Ⅲ级标准。我国各城市所处的位置不同，地形、气候条件等存在着较大的差异，同等级的城市也不一定采用同一等级的设计标准（见表2-1）。无论提高或降低技术标准，均需经过城市总体规划审批部门批准。

表2-1　城市道路分类、分级和技术标准

城市道路	级别	计算行车速度/(km/h)	双向机动车道数	分隔带设置	横断面形式
快速路		60、80	大于或等于4	必须设	双、四
主干道	Ⅰ	50、60	大于或等于4	必须设	单、双、三、四
	Ⅱ	40、50	3～4	必须设	单、双、三
	Ⅲ	30、40	2～4	可设	单、双、三
次干道	Ⅰ	40、50	2～4	可设	单、双、三
	Ⅱ	30、40	2～4	不设	单
	Ⅲ	20、30	2	不设	单
支路	Ⅰ	30、40	2	不设	单
	Ⅱ	20、30	2	不设	单
	Ⅲ	20	2	不设	单

2.2.3 道路绿化的功能与形式

道路绿化是指以道路为主体，利用植物材料在道路用地范围内对可栽植的用地进行景观美化。

1. 道路绿化功能

道路绿化不仅能美化城市环境，改善城市景观风貌，同时对于调节城市小气候，净化空气，减少噪声，减低风速都起到良好的作用。而规划合理、设计适宜的道路绿地有利于交通视线诱导，减少事故的发生，从而为安全行车提供保障。道路绿化还可以稳固路基，养护道路，延长路面寿命，因此，具有一定的经济效益与社会效益。

（1）景观美化功能　植物群落的色彩、形态、季相变化无不给人以美的感受。再精巧的城市街道如果少了植物景观的点缀，总会显得格外冰冷而缺乏生机。城市的道路绿化是城市印象的名片，构成了城市的自然轮廓线，并能塑造出独特的地域性景观。如北京街道两侧挺立的杨树、油松，彰显了首都的大气古朴、庄严雄伟的气质；成都街头处处可见的芙蓉、栾树、红枫、紫薇，色彩烂漫，仪态万千，为都市生活增添了趣味与活力；广西北海街头林立的大王椰子、假槟榔、凤凰木，向远道而来的客人们展现着海滨之城多情而摇曳的美妙风姿。

（2）生态功能　道路绿化的生态功能主要表现在以下几个方面：

1）净化空气。城市道路的粉尘主要来自降尘、飘尘、汽车尾气的铅尘等。植物通过叶面减低风速，使街道粉尘滞留，并沉降在绿化带附近不再扩散。同时，植物吸收二氧化碳、二氧化硫等气体，释放出氧气，从而净化城市空气，减少居民患呼吸道疾病的可能。

2）减少噪声。随着城市建设进程不断推进，噪声已然成为城市环境的重要污染源，影响着城市居民的生活质量，给人们的工作和休息带来干扰。城市林带与街道绿化带对噪声具有吸收和消解的作用，噪声波被树叶发生不规则反射并衰减，同时引起树叶微震而达到消耗，从而减弱噪声强度。在城市交通量大的道路周围设置植物隔声带，能有效地消除噪声。

3）改善城市小气候。小气候主要指地层表面属性的差异性所造成的局部地区气候。植物叶片能蒸腾大量的水分，调节周围空气湿度。茂密的林冠阻挡了太阳的直接辐射，减少地面升温，给林下空间带来凉爽与舒适的气候环境。同时，植物的合理栽植能够有效地调节风速，阻挡冬季寒风，引入夏季风，给人们创造更舒适的生活空间。

4）保护路基与路面。大气降雨在地表汇集形成径流，强烈的地表径流容易引起水土流失，对道路边坡形成冲刷与破坏。植物栽植能够有效地减小地表径流，固土护坡。夏季阳光辐射强烈，裸露的路面可能受到日光的强烈照射而开裂受损，植物的栽植使林下气温降低，减少路面增温，降低路面胀缩系数，从而延长路面的使用寿命。

（3）交通功能　植物的色彩变化能够有效调节神经疲劳，减少开车疲劳，并阻隔路面与周围环境的强烈反光，有助于安全行车。反向机动车道间设置绿化分隔带，可以减少上下车流间的眩光干扰，保证行车安全；机动车道与非机动车道之间设绿化分隔带，有利于解除快慢车混行、人车混行带来的安全隐患；交叉路口上布置交通岛、立体交叉等，并用植物进行美化，有利于交通的安全引导，保障通行效率。

（4）防灾避险功能　城市道路绿地在城市中形成了纵横交错的一道道绿色防线，可以减低风速，防止火灾的蔓延。地震时，道路绿地还可以作为临时避震的场所，对防止震后建筑倒塌造成的交通堵塞起到缓解作用。

2. 道路绿化栽植类型

按照道路绿地功能，道路绿化栽植类型可分为：

（1）遮荫栽植　夏季酷暑难耐，行道树可以阻隔阳光辐射，减少地表增温，为行人提供凉爽的通行空间。街道绿地、露天停车场等人车滞留的地方也应有庭荫树栽植，以降温消暑，缓解炎热感受。

（2）装饰栽植　装饰栽植常用在建筑用地周围或道路绿化带、分隔带两侧作局部的间隔与装饰之用。它的功能是作为明显的界限标志，以达到划分空间、防止行人穿过等目的。

（3）地被栽植　地被栽植即利用地被植物覆盖地表面，防止地表裸露、雨水冲刷或冰害发生。由于地表面性质的改变，对小气候也有缓和作用。地被的宜人绿色可以调节道路环境的景色，同时反光少，不炫目，如与花坛的鲜花相对比，色彩效果则更好。

（4）遮蔽栽植　利用植物将视线的某一个方向加以遮挡，以免见其全貌。如在公路上，利用植物在道路两侧形成景观屏障，遮掩不美观的环境。城区里也常见利用攀缘植物遮挡挡土墙、围墙等构筑物，美化街道环境。

3. 道路绿化的布局形式

随着城市建设进程的推进，人们对道路环境的要求已不满足于保障安全、便捷行车，而进一步发展为营造良好的街道环境，提供舒适的行车体验了。道路环境的设计目的也由以车为主导，发展到提倡"人车共享"。现今，道路绿化不能止步于组织交通、遮荫、填绿等基本功能，还需要结合人们的沿街活动，包括散步、呼吸新鲜空气和坐下来晒太阳等，让人们在行走中享受更为丰富的审美、社交、休憩体验，因此，道路绿化的布局形式也逐步丰富起来。

（1）道路绿化断面布置形式　道路绿化断面布置形式是规划设计所用的主要模式，常用的道路绿化的形式有一板二带式、二板三带式、三板四带式和四板五带式，见表2-2。

表2-2　道路绿化断面布置形式

道路绿化断面布置形式	特点	优点	缺点	备注
一板二带式（图2-83）	常用，即在车行道两侧人行道分隔线上种植行道树。（即一条车行道两条绿带）	1. 操作简单 2. 用地经济 3. 管理方便	1. 车道过宽时行道树遮荫效果差 2. 不利于机动车与非机动车混合行驶时的交通管理，不安全	
二板三带式（图2-84）	在分隔单向行驶的两条车行道中间绿化，并在道路两侧布置行道树	1. 适于宽阔道路 2. 绿带数量较大 3. 生态效益较显著	不能完全解决不同车辆混行时的相互干扰	多用于高速公路和入城道路绿化
三板四带式（图2-85）	利用两条分隔带把车行道分成三块，中间为机动车道，两侧为非机动车道	1. 绿化量大，夏季蔽荫较好 2. 组织交通方便，安全可靠，解决了车辆混行时的相互干扰	占地面积较大	城市比较理想的形式，尤其非机动车多时
四板五带式（图2-86）	利用三条分隔带将车道分为四条并规划五条绿化带	各种车辆上行、下行互不干扰，利于交通安全和限速	占地面积较大	若不宜布置五带，则可用栏杆分隔，以节约用地

图2-83　一板二带式

图2-84　二板三带式

图 2-85　三板四带式

图 2-86　四板五带式

　　总之，再按道路所处地理位置、环境条件的特点，因地制宜地设置绿带，如山坡、水道的绿化设计。道路绿化断面布置形式必须从实际出发，不能片面追求形式、讲求气派。尤其在街道狭窄，交通量大，只允许在街道的一侧种植行道树时，就应当以行人的庇荫和树木生长对日照条件的要求来考虑，而不能片面追求整齐对称以减少车行道数目。

　　（2）道路绿化景观布局形式　从道路绿地景观特性出发，即从树种、树形、种植方式等方面来研究绿化与道路、建筑协调的整体艺术效果，使绿地成为道路环境中有机组成的一部分。

　　1）自然式。这种栽植方式常见于街心与路边游园，比拟自然，依据地形和周围环境布置植物。沿街在一定宽度内布置自然树丛，高低错落，浓淡相宜，疏密有序，增加街道的空间层次与变化，创造生动活泼的街道氛围。这种形式有利于植物景观与周围环境的有机结合，但夏季遮荫效果不如整齐式的行道树。在路口、拐弯处的一定距离内要减少或不种灌木以免妨碍驾驶员的视线。在条状的分车带内自然式种植需要有一定的宽度，一般要求最小为 8m。还要注意与地下管线的配合，所用的苗木也应具有一定规格。

　　2）密林式。这种栽植方式一般沿城乡交界处道路或环绕道路布置。沿路两侧种植浓茂的树林，乔木、灌木、草坪多层栽植，绿荫浓密，亭亭如盖，凉爽宜人。植物种植强调道路线形，成列整齐排布，具有明确的道路指向性。沿路植树要有一定宽度，一般 50m 以上。密林栽植常常采用两三种以上乔木交替间植，整齐美观而不失趣味。

　　3）花园式。这种栽植方式沿道路外侧布置成大小不同的绿化空间，有广场，有绿荫，并设置必要的园林设施，供行人和附近居民逗留小憩和散步，亦可停放少量车辆和设置幼儿游戏场等。道路绿地可分段与周围的绿化相结合，在城市建筑密集、缺少绿地的情况下，这种形式可在商业区、居住区内使用，在用地紧张、人口稠密的街道旁可多布置孤植乔木或绿荫广场，弥补城市绿地分布不均匀的缺陷。

　　4）田园式。这种栽植方式道路两侧的园林植物都在视线以下，大都种草地，空间全面敞开。在郊区直接与农田、菜田相连；在城市边缘也可与苗圃、果园相邻。这种形式开朗、自然，富有乡土气息，极目远眺可见远山、白云、海面、湖泊或欣赏田园风光。在路上高速行车视线较好。田园式主要适用于气候温和地区。

　　5）滨河式。这种栽植方式道路的一面临水，空间开阔，环境优美，是市民休息游憩的良好场所。在水面不十分宽阔，对岸又无风景时，滨河绿地可布置得较为简单，树木种植成行，岸边设置栏杆，树间安放座椅，供游人休憩。如水面宽阔，沿岸风光绮丽，对岸风景点较多，沿水边就应设置较宽阔的绿地，布置游人步道、草坪、花坛、座椅等园林设施。游人步道应尽量靠近水边或设置小型广场和临水平台，满足人们的亲水感和观景要求。

　　6）简易式。这种栽植方式沿道路两侧各种一行乔木或灌木，形成"一条路，两行树"的形式，在街道绿地中是最简单、最原始的形式。

2.2.4　道路绿化植物景观设计的原则

1. 道路绿地植物景观设计的原则

　　（1）道路绿地要与道路的性质、功能相适应　不同性质、级别的道路，其功能侧重、服务对象有所不同，道路尺度、绿化形式也发生了相应变化。如快速路、城市干道车流快，绿化应以有效地组织交通、确保交通安全、便捷为首要功能；而商业街、步行街的绿化则应能反映城市风貌，美化街区环境，服务居民生活，其树种的选择及植物景观设计手法与前者有着较大差异。

（2）道路绿地应起到应有的生态功能　绿地犹如天然过滤器，具有滞尘和净化空气，增加空气湿度，遮荫降温，吸收有害气体，隔声减噪，防风防火等功能。道路绿地设计应充分发挥植物的生态效益和防护功能，提高城市生态质量，美化城市环境。

（3）道路绿地设计应以人为本　道路绿地设计应符合人们的行为规律和动态视觉特性，由于行人、车流交通目的和交通手段各有不同，人们在街道上的行为规律与视觉特性不尽相同。首先，道路绿地景观设计应该以人为本，根据不同的道路性质，考虑人们在街道上的行走、休憩、观景与社交行为的需要，并通过绿地景观设计组织交通，满足各项行为要求并使不同行为互不打扰。其次，道路上的行人与车辆都是在动态过程中观赏街景的，道路绿地景观设计应符合现代交通条件下视觉特性与规律的要求，在快速通行或车辆专用路段可以大尺度色块、色条造景，而在行人驻留观景路段精心雕琢，注意树形姿态并丰富空间层次，从而达到降低建造成本并提高街道景观视觉质量的目的。

（4）道路绿地要与其他的街景元素协调　道路绿地应与街景中其他元素相互协调，与地形、沿街建筑等紧密结合，使道路在满足交通功能的前提下，与城市自然景观、历史人文景观和现代建筑景观有机地联系在一起，把道路与环境作为一个整体加以考虑并做出一体化的景观设计，创造有特色、有时代感的城市景观。

（5）道路绿地要因地制宜地选择园林植物　绿地中的各种园林植物，因树形、色彩、香味、季相等不同，在景观、功能上也有不同的效果。根据道路景观及功能上的要求，要实现四季有景可观、有花可赏的景观就需要多品种配合与多种栽植方式的协调。道路绿地直接关系着街景的四季变化，要使春、夏、秋、冬均有相宜的景色，应根据不同用路者的视觉特性及观赏要求，处理好绿化的间距、树木的品种、树冠的形状以及树木成年后的高度及修剪等问题。

（6）道路绿地设计应考虑城市土壤条件、养护管理水平等因素　城市道路绿地土壤较为贫瘠，成分比较复杂，一般不利于植物生长，而对植物的浇水、施肥、除虫、修剪等养护管理工作也会受到条件与水平的限制，这些客观事实在设计上应兼顾考虑。总之，道路绿地的规划设计受到各方面因素的制约，只有处理好这些问题，才能保持道路景观的长期优美。

（7）道路绿地不能破坏道路的公用设施　道路绿地不能影响地面交通，不能破坏建筑、附属设施、管理设施和地下管线、沟道等公用设施。为了交通安全，道路绿地中的植物不应遮挡汽车驾驶员在一定距离内的视线，不应遮蔽交通管理标志，要留出公共站台的必要范围以及保证乔木有适当高的分枝点，方便行人车辆安全通过。应注意协调沿街建筑对绿地的个别要求与全街景观整齐统一的要求，其中道路绿地对重要公共建筑的美化和对居住建筑的防护作用尤为重要。再者，植物景观也不应影响道路附属设施的正常使用，如停车场、加油站以及道路照明设施。植物定点与栽植时也要注意避免破坏地下管线或覆盖堵塞排水沟道。

2. 园林道路景观设计要求

园林道路景观设计既要满足游览要求，达到步移景异的效果，也要遵从艺术构图规律，具体体现在以下设计原则中：

（1）均衡与对比　由于园路的植物配置打破了整齐行列的格局，就需注意两旁植物造景的均衡，以免产生歪曲或孤立的空间感觉。

（2）主次分明　在园路组景时，应考虑路旁植物的种类与树木的多少，体现统一和谐。

（3）韵律节奏　园路植物景观讲求连续动态构图，宜采用重复交替韵律的栽植方式，避免单调。

（4）层次背景　路旁植物层次设计主要是为了丰富道路色彩，创造优美的构图立面。

（5）造景与导游　园路应做到处处有景，创造步移景异的效果。通过植物造景，加强导游作用。

（6）季相　以丰富的季相变化，增强自然美感。

3. 对《城市道路绿化规划与设计规范》（CJJ 75—1997）植物景观设计规定的解读

（1）道路绿地率指标

1）在规划道路红线宽度时，应同时确定道路绿地率。

2）道路绿地率应符合下列规定：

① 园林景观路绿地率不得小于 40%。

② 红线宽度大于 50m 的道路绿地率不得小于 30%。

③ 红线宽度在 40~50m 的道路绿地率不得小于 25%。

④ 红线宽度小于 40m 的道路绿地率不得小于 20%。

（2）道路绿地布局与景观规划

1）道路绿地布局应符合下列规定：

① 种植乔木的分车绿带宽度不得小于 1.5m；主干路上的分车绿带宽度不宜小于 2.5m；行道树绿带宽度不得小于 1.5m。

② 主、次干路中间分车绿带和交通岛绿地不得布置成开放式绿地。

③ 路侧绿带宜与相邻的道路红线外侧其他绿地相结合。

④ 人行道毗邻商业建筑的路段，路侧绿带可与行道树绿带合并。

⑤ 道路两侧环境条件差异较大时，宜将路侧绿带集中布置在条件较好的一侧。

2）道路绿化景观规划应符合下列规定：

① 在城市绿地系统规划中，应确定园林景观路与主干路的绿化景观特色。园林景观路应配置观赏价值高、有地方特色的植物并与街景结合；主干路应体现城市道路绿化景观风貌。

② 同一道路的绿化宜有统一的景观风格，不同路段的绿化形式可有所变化。

③ 同一路段上的各类绿带在植物配置上应相互配合，并应协调空间层次、树形组合、色彩搭配和季相变化的关系。

④ 毗邻山、河、湖、海的道路，其绿化应结合自然环境，突出自然景观特色。

2.2.5　各类道路绿化植物景观的设计

1. 城市道路绿地植物选择

城市道路绿地植物选择首先应符合城市道路的性质与功能要求，不应给城市环境和居民健康造成伤害，也不能为道路使用带来不便。其次，城市道路绿地立体条件不甚理想，绿化范围广，养护管理水平有限，手段较为粗放，在植物选择上应充分考虑植物的适应性和抗逆性。具体来说，植物选择应至少满足以下条件：

1）道路绿化应选择适应道路环境条件好、生长稳定、观赏价值高和环境效益好的植物种类。

2）行道树应选择深根性、分枝点高、冠大荫浓、生长健壮、适应城市道路环境条件，且落果对行人不会造成危害的树种。

3）花灌木应选择花繁叶茂、花期长、生长健壮和便于管理的树种；地被植物应选择茎叶茂密、生长势强、病虫害少和易于管理的木本或草本观叶、观花植物，其中草坪地被植物上应选择萌蘖力强、覆盖率高、耐修剪和绿色期长的种类；绿篱植物和观叶植物应选用萌芽力强、枝繁叶密、耐修剪的树种。

4）寒冷积雪地区的城市，分车绿带、行道树绿带种植的乔木应选择落叶树种。

除此以外，植物选择和群落配置还应着重考虑季相变化和地域特性。适当地组织有季相变化的栽植可为街道景观带来更多生机与景致，而在适宜路段通过栽植有乡土特色的树种，可为当地居民带来亲切感，也为城市景观增添了一道独特的风景线。

2. 道路绿带植物景观设计

道路绿地分为道路绿带、交通岛绿地、广场绿地和停车场绿地（图 2-87）。道路绿带指道路红线范围内的带状绿地，道路绿带分为分车绿带、行道树绿带和路侧绿带。

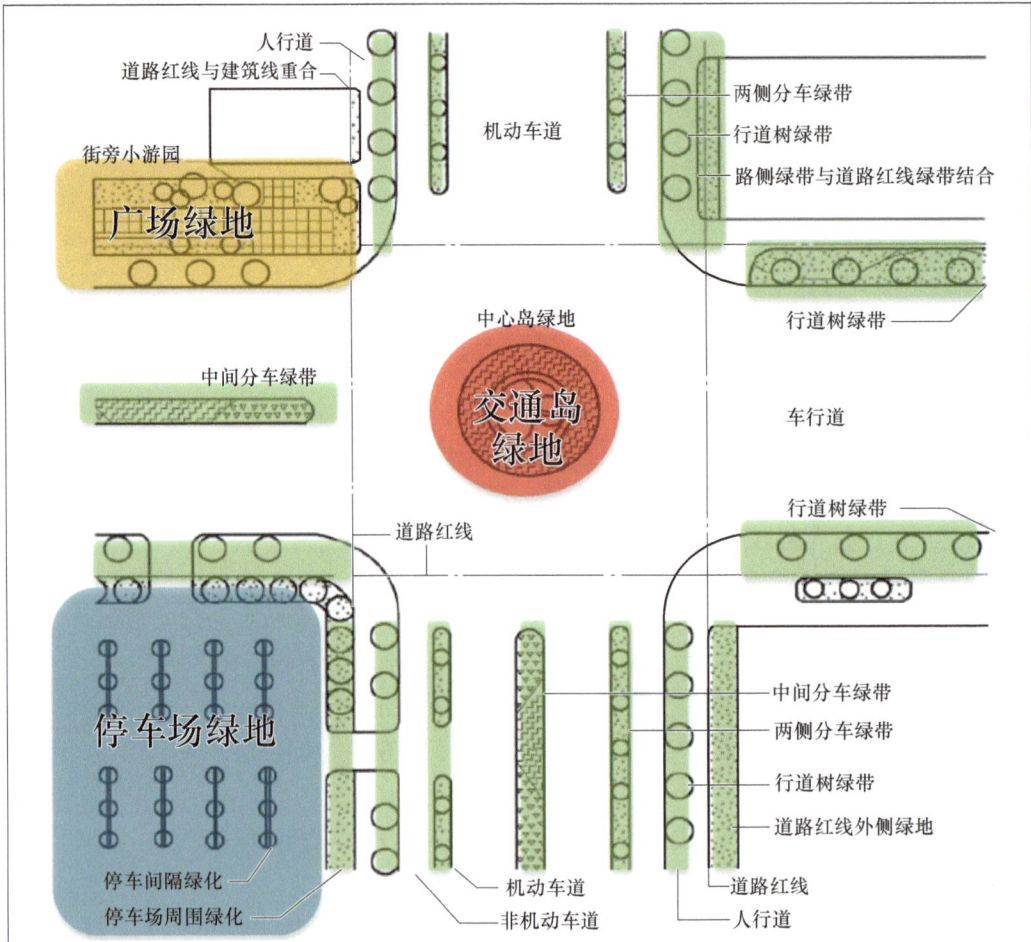

图 2-87　道路绿地示意图

（1）分车绿带植物景观设计　分车绿带指车行道之间可以绿化的分隔带。位于上下行机动车道之间的为中间分车绿带；位于机动车道与非机动车道之间或同方向机动车道之间的为两侧分车绿带。在现代城市道路绿化中，分车绿带起分隔车流及缓解驾驶员视觉疲劳的作用。分车绿带的宽度没有硬性规定，因道路而异，一般最小宽度不宜小于 1.5m。分车绿带的植物种植一般采用复层次栽植方式，植物配置应形式简洁，树形整齐，排列一致。在植物配置中应注意：

1）中间分车绿带以阻挡相向行驶车辆的眩光为主要目的。在距相邻机动车道路面高度 0.6~1.5m 的范围内，配置植物的树冠应常年枝叶茂密，其株距不得大于冠幅的 5 倍。

2）两侧分车绿带宽度大于或等于 1.5m 的应以种植乔木为主，并宜乔木、灌木、地被植物相结合。其两侧乔木树冠不宜在机动车道上方搭接。

3）分车绿带宽度小于 1.5m 的，应以种植灌木为主，并应灌木与地被植物相结合。

4）为了便于行人过街，分车绿带必须适当分段，分段尽量与人行横道、大型公共建筑出入口相结合，一般以 75~100m 为宜。被人行横道或道路出入口断开的分车绿带，其端部应采取通透式配置。当分车绿带与公共汽车停车站相结合时，在车站的长度范围内应铺砖不进行绿化。

（2）行道树绿带植物景观设计　行道树绿带指布设在人行道与车行道之间，以种植行道树为主，以乔木、灌木、地被植物相结合形成联结的绿带。行道树是城市道路绿化最基本的组成部分，行道树树种选择应以乡土树种为主，选择适宜、经济、美观的树种。

1）行道树选择时应符合下列要求：

① 冠大荫浓，分枝点高，如悬铃木、雪松、银杏、欧洲七叶树、北美鹅掌楸等。

② 抗逆性强，即抗病虫害、耐旱、耐涝、耐瘠薄，如广玉兰、鹅掌楸、乐山含笑、银杏等。

③ 具有深根性，不易倒伏，如香樟、国槐、白蜡、栾树、银杏、杨树等。

④ 树种本身无污染，落果少，没有飞絮。有污染的树种如杨柳飞絮、悬铃木球果等，有大量浆果的树种如大叶女贞应谨慎使用。

⑤ 落叶期集中。如杨树、悬铃木、银杏等。

⑥ 近期与远期相结合，速生树与慢生树搭配，适地适树。如速生树种法桐、杨树、泡桐等与慢生树种银杏、桂花等相结合。

⑦ 保护原地的大树、古树名木等。

2）行道树的栽植形式。行道树的栽植形式一般可分为树带式与树池式。

① 树带式（图2-88）。在交通量与人流量不大的路段可以采用这种方式，即在人行道和车行道之间留出一条不加铺装的种植带，一般宽度不小于1.5m，植一行大乔木和树篱。如果宽度适宜则可分别植两行或多行乔木与树篱。

② 树池式（图2-89）。在交通量较大、行人多而人行道又窄的路段可以采用这种方式，正方形树池以1.5m×1.5m较合适，长方形树池以1.2m×2m为宜，圆形树池以直径不小于1.5m为好。

图2-88 树带式

图2-89 树池式

行道树设计与栽植时，还应注意定植株距应以其树种成年冠幅为准，最小种植株距为4m，常见株距为5m、6m、8m。苗木胸径在2～15cm为宜，其分枝角度越大的，干高就不得小于3.5m；分枝角度较小者，干高也不能小于3.5m，否则会影响交通。行道树树干中心至路缘石外侧最小距离宜为0.75m。

此外，在行人多的路段，行道树绿带不能连续种植时，行道树之间宜采用透气性路面铺装，树池上宜覆盖池箅子。在道路交叉口视距三角形范围内行道树绿带应采用通透式配置。

（3）路侧绿带植物景观设计 路侧绿带指位于道路侧方，布设在人行道边缘至道路红线之间的绿带。人行道上除布置行道树外，还有一定宽度的地方可供绿化，这就是防护绿带。一般防护绿带宽度小于5m时，均称为基础绿带；宽度大于8m以上的，可设计成开放式绿地，内部设置游步路，布置为花园林荫路；路侧绿带还可与毗邻的其他绿地一起辟为街旁游园；若濒临江河湖海等水体，路侧绿地可结合水面与岸线的地形设计成滨水绿带。总而言之，路侧绿带应根据相邻用地性质防护和景观要求进行设计，并应保持路段内连续与完整的景观效果。

1）防护绿带和基础绿带设计。基础绿带的主要作用是为了保护建筑内部的环境及人的活动不受外界干扰。基础绿带内可种灌木、绿篱及攀援植物以美化建筑物。种植时一定要保证种植物与建筑物的最小距离，保证室内的通风和采光。

2）花园林荫路的设计。花园林荫路是指那些与道路平行而且具有一定宽度和游憩设施的带状绿地。花园林荫路的设计要保证林荫路内有一个宁静、卫生和安全的环境，以供游人散步、休息，在它与车行道相邻的一侧要用浓密的绿篱和乔木共同组成屏障，与车行道隔开（图2-90）。

图2-90　花园林荫路立面植物景观示意图

① 花园林荫路布置类型。

a. 设在街道中间的林荫路：即两边为上下行的车行道，中间有一定宽度的绿化带，这种类型较为常见。例如：北京正义路林荫路、上海肇家滨林荫路等。其主要供行人和附近居民作暂时休息用。此类型多在交通量不大的情况下采用，出入口不宜过多。

b. 设在街道一侧的林荫路：由于林荫路设立在道路的一侧，因此减少了行人与车行路的交叉。在交通比较繁忙的街道上多采用此种类型，同时也往往受地形影响而定。例如：傍山、一侧滨河或有起伏的地形时，可利用借景将山、林、河、湖等组织在内，创造更加安静的休息环境，如上海外滩绿地、杭州西湖畔的六公园绿地等。

c. 设在街道两侧的林荫路：设在街道两侧的林荫路与人行道相连，可以使附近居民不用穿过道路就可达林荫路内，既安静又使用方便。此类林荫路占地过大，目前使用较少。例如，北京阜外大街花园林荫路。

② 花园林荫路设计要注意的几个方面：

a. 一般8m宽的林荫路内可设一条游步道；8m以上时，设两条以上游步道为宜。

b. 设置绿色屏障车行道与林荫路绿带之间要有浓密的绿篱和高大的乔木组成的绿色屏障相隔，立面上布置成外高内低的形式较好。

c. 设置建筑小品如小型儿童游乐场、休息座椅、花坛、喷泉、阅报栏、花架等。

d. 留有出口。林荫路可在长75～100m处分段设立出入口，人流量大的人行道，大型建筑处应设出入口，出入口布置应具有特色，作艺术上的处理，以增加绿化效果。

e. 植物丰富多彩。林荫路总面积中，道路广场不宜超过25%，乔木占30%～40%，灌木占20%～25%，草地占10%～20%，花卉占2%～5%。南方天气炎热需要更多的浓荫，故绿树占地面积可大些，北方则落叶树占地面积大些。

f. 布置形式宽度较大的林荫路宜采用自然式布置，宽度较小的则以规则式布置为宜。

3）街头休息绿地的设计。在城市干道旁供居民短时间休息用的小块绿地称为街头休息绿地。它主要指沿街的一些较集中的绿化地段，常常布置成花园的形式，有的地方又称为小游园。街头休息绿地以绿化为主，同时有园路、场地及少量的设施可供附近居民和行人作短时间休息。

街道小游园以植物种植为主，设立若干出入口，并在出入口规划集散广场，还应设置游步道和铺装场地及园林小品，丰富景观，满足周围群众的需要。以休息为主的街头绿地中道路场地占总面积的30%～40%，以活动为主的街头绿地中道路场地占总面积的50%～60%。街道小游园的布局形式可分为以下几种：

① 规则对称式：游园具有明显的中轴线，有规律的几何图形，形状有正方形、圆形、长方形、多边形、椭圆形等。

② 规则不对称式：此种形式整齐但不对称，可以根据功能组合成不同的休闲空间。

③ 自然式布局：没有明显的轴线，结合地形自然布置，内部道路弯曲延伸，植物自然式种植。

④ 混合式布局：是规则式与自然式相结合的一种布局形式。

4）滨河路绿地设计。滨河路是城市中临河流、湖沼、海岸等水体的道路，其侧面临水，空间开阔，环境优美，是城镇居民游憩的地方。滨河路绿地应以开敞的绿化系统为主（图2-91）。

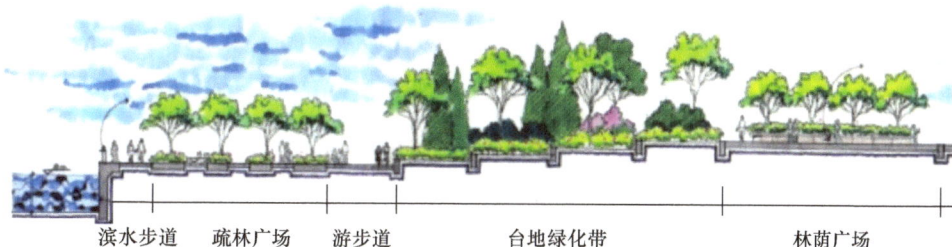

滨水步道   疏林广场   游步道   台地绿化带   林荫广场

图 2-91   滨河路绿地植物景观设计示意图

① 滨河路绿地设计在植物选择与配置上，应注意以下几方面：

a. 可选用适于低湿地生长的树木，如垂柳。

b. 树木不宜种得过于闭塞，林冠线也要富于变化。

c. 除了种植乔木以外，还可种一些灌木和花卉，以丰富景观。

d. 滨河路的绿化斜坡上要种植草皮，防浪、固堤、护坡，以免水土流失。

② 在滨河路绿地设计中，应注意以下几点：

a. 一般滨河路的一侧是城市建筑，在建筑和水体之间设置道路绿带。滨河路游步道应尽量靠近水边，在可以观看风景的地方设计小型广场或凸出岸边的平台，同时满足行人的亲水性。

b. 滨河林荫路的规划形式取决于自然地形的影响。地势如有起伏，河岸线曲折及结合功能要求，可采取自然式布置。如地势平坦、岸线整齐、与车道平行者，可布置成规则式。

c. 如果水面不十分宽阔，滨河路景观布置应简洁大方，除车行道和人行道之外，临水一侧可修筑游步道，树木种植成行，岸边设置栏杆、放置座椅，供游人临水观赏和休憩。

d. 如果水面开阔，沿岸风光绮丽，驳岸风景点较多，沿水边就应设置较宽阔的绿化地带，布置形式自然优美，草坪、花坛、树丛点缀其间，并设有园林小品、雕塑、座椅、园灯等。

e. 当水面十分宽阔，适于开展游泳、划船等活动时，可考虑以滨河公园的形式容纳更多的游人活动。

3. 交通岛绿地植物景观设计

交通岛设置在道路交叉口，用于组织环形交通，使驶入交叉口的车辆一律绕岛作逆时针单向行驶。交通岛一般为圆形，其直径的大小应保证车辆能按一定速度以交织方式行驶。大、中城市圆形交通岛一般直径为40～60m，一般城镇的交通岛直径不小于20m。由于受到环道上交织能力的限制，在交通量较大的主干道上、具有大量非机动车交通或行人众多的交叉口上，不宜设置环形交通。

交通岛绿地是指可绿化的交通岛用地，交通岛绿地分为中心岛绿地、导向岛绿地和立体交叉绿地。交通岛周围的植物配置宜增强导向作用，在行车视距范围内应采用通透式配置。

（1）中心岛绿地设计   中心岛绿地指位于交叉路口上可绿化的中心岛用地（图2-92）。中心岛位于主干道

图 2-92   中心岛绿地

69

交叉口的中心，位置居中，人流、车流量大，因此，中心岛绿地应保持各路口之间的行车视线通透，布置成装饰绿地。中心岛不能布置成供行人休息用的小游园或设置吸引人的地面装饰物，必须封闭。绿化常以草坪、花卉为主，或选用几种不同质感、不同颜色的低矮的常绿树、花灌木和草坪组成模纹花坛。同时，中心岛绿地是城市的主要景点，也可在其中建柱式雕塑、市标、组合灯柱、立体花坛、花台等成为构图中心，但其体量、高度以不能遮挡视线为宜。

（2）交叉十字路口绿地　交叉十字路口绿地是指位于交叉十字路口上可绿化的用地，也可称为导向岛绿地，包含道路转角处的行道树与交通岛。为了保证交叉口行车安全，使驾驶员能及时看到车辆的行驶情况和交通信号，在道路交叉口必须为驾驶员留出一定的安全距离，使驾驶员在这段距离内能看到对面开来的车辆，并有充分制动和停车的时间不致发生事故。这种从发觉对方汽车立即制动而能够停车的距离称为安全视距或停车视距。根据相交道路所选用的停车视距，可在交叉口平面上绘出一个三角形，称为"视距三角形"（图2-93）。在此三角形内不能有建筑物、构筑物、树木等遮挡驾驶员视线的地面物。在安全视距范围内，不宜设置过多有碍视线的物体。交叉十字路口绿地植物一般选用低矮灌木和地被植物，也可适当设置园林小品与景石作为点缀。如有行道树，则株距在8m以上；干高在2.5m以上；如果布置防护绿篱或其他装饰性绿地，株高也不得超过0.7m，以免阻碍行车视线（图2-94）。

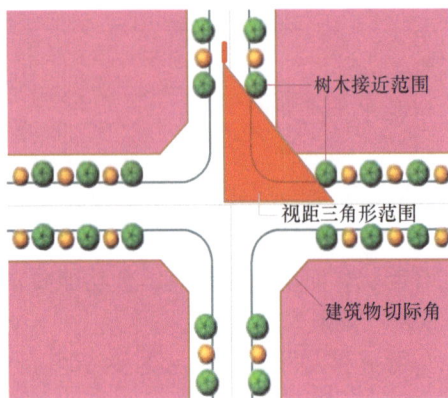

图2-93　"视距三角形"示意图

图2-94　交叉十字路口绿地

（3）立体交叉绿地设计　互通式立体交叉一般由主、次干道和匝道组成，匝道是供车辆左、右转弯，把车流导向主、次干道的。为了保证车辆安全和保持规定的转弯半径，匝道和主、次干道之间就形成了几块面积较大的空地作为绿化用地，称为绿岛。从立体交叉的外围到建筑红线的整个地段，除用于市政设施外，都应该充分绿化起来，这些绿地可称为外围绿地。

立体交叉绿地设计应首先满足交通功能的需要。立体交叉出入口应有指示性标志的种植，使驾驶员可以方便地看清入口；在道路转弯处植物应连续种植，起到预示道路方向的作用；主、次干道汇合处，不宜种植遮挡视线的树木。在面积较大的绿岛上，可以种植地被植物或铺设草坪，草坪上点缀树丛、孤植树木或花灌木，形成疏朗开阔的绿化空间；也可以用常绿植物、花灌木及宿根花卉组成模纹花坛，使高处可见的地面景观更加精致美观；如果绿岛面积足够，在不影响交通的情况下，也可以按照街心花园的形式进行布置，设置园路、花坛、座椅等。立体交叉绿化还可以充分利用桥下空间，设置园路和小型服务设施，桥下植物应选择耐荫性植物进行栽植。为进一步美化立面空间，墙面或桥侧可使用藤本植物进行垂直绿化。

4. 停车场绿地设计

停车场内绿化设施的主要功能是防止烈日曝晒、保护车辆，并净化空气、防尘、防噪声等，有益于减少公害。场内绿化的设置必须保证车辆出入方便、视线良好。场内的绿化需要占据一定的用地，其绿化带与树池形式、尺寸、树种、株距等的设计，应与停车容量、停车方式等统筹考虑。

（1）树种选择　停车场绿化宜采用适应道路环境条件、生长稳定、观赏价值高、环境效益好的植物种类。乔木应选择深根性、分枝点高、冠大荫浓、生长健壮且落果无危害的树种，寒冷积雪地区则以落叶树种为宜。树木枝下高度应符合停车位净高度的规定：小型汽车为 2.5m，大、中型客车（包括旅行车）为 3.5m，载货汽车为 4.5m。绿篱植物和观叶灌木应选用萌芽力强、枝茂叶密、耐修剪的树种；花灌木应选择花繁叶茂、花期长、生长健壮和便于管理的树种；地被植物应选择茎叶茂密、生长势强、病虫害少和易管理的木本或草本观叶、观花植物，其中草坪地被植物尚应选择萌蘖力强、覆盖率高、耐修剪和绿色期长的种类。

（2）绿化带的设置　停车场周围应设置绿化带，与相邻道路之间更应设置乔木、灌木结合的绿带，以起到隔离和遮护的目的。一般灌木可种植 1~2 行，树高 1.0~1.5m、宽 1.0~1.5m。

（3）树池形式　停车场内的绿化树池有条形、方形和圆形等形式，其中的条形更便于浇水养护。绿化树池的宽度以 1.5~2.0m 为宜，树株间距可为 5.0~6.0m，树间也可安排灯柱。为尽量发挥其停车效能，树池宜单行布置，树株行距不易过密，一般应根据车辆停放方式确定。

【课后训练】完成实训项目四

实训项目四　道路植物景观设计

一、实训目的

1）掌握道路绿化植物景观设计的原则。
2）理解道路绿化不同植物之间的配置方法。

二、实训工具材料

绘图纸、手工绘图工具或绘图软件（AutoCAD）、计算机等。

三、实训内容

如图 2-95 所示为四川省广汉市北京路景观设计平面图。道路工程等级为城市主干路 Ⅱ 级，设计行车速度为 40km/h，双向八车道。绿化设计标准段总长 240m，道路红线内宽度 75m，路侧绿地与人行道宽度共 2×25m。道路绿化设计要求体现"大气、简洁、自然"的风格，并符合城市道路绿化规划与设计规范相关要求。

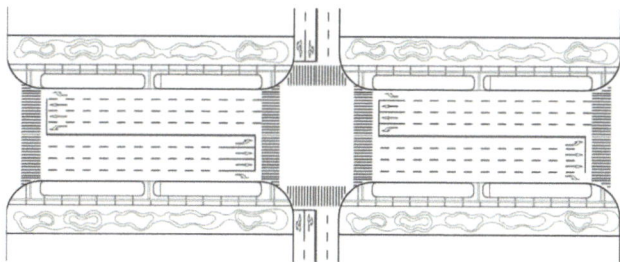

图 2-95　四川省广汉市北京路景观设计平面图

四、实训成果要求

根据道路类型与性质选择植物种类并确定植物造景形式，使道路绿化满足道路交通功能基本要求，并充分发挥植物景观美化环境与生态改善的作用。植物景观设计形式要求自然简洁，符合道路线形。植物配置应做到常绿植物与落叶植物、乔木与灌木、速生植物与慢生植物合理搭配。另外，需注意道路植物景观整体形态和季相色彩的合理搭配。

1）植物品种的选择应适宜道路绿地不同区域对景观的功能需求。
2）正确采用植物景观构图基本方法，灵活运用自然式与行列式的种植方法。
3）树种选择合适，不同竖向地形植物品种配置符合规律。
4）图纸绘制规范，完成道路植物种植设计平面图一张，列出植物配置表。

五、考核内容和考核方法

序号	评分项目	评分标准	分值	得分
1	功能要求	能结合环境特点，满足设计要求，功能布局合理，符合设计规范	20	
2	景观设计	能因地制宜合理地进行景观设计，景观序列合理展开，景观丰富，功能齐全，立意构思新颖巧妙	25	
3	植物配置	植物选择正确，种类丰富，配置合理，植物景观主题突出，季相分明	20	
4	方案可实施性	在保证功能的前提下，方案新颖，可实施性强	20	
5	设计表现	图面设计美观大方，能够准确地表达设计构思，符合制图规范	15	

任务2.3 滨水植物景观设计

2.3.1 常用滨水植物

在城市绿地、公园建设和大型标志性建筑中，人工湖泊、人工河道及景观水池不断涌现，房地产开发中水景住宅亦成为一大热点。随着水景的广泛应用和人们对其要求的不断提高，如何确保景观水体的清洁、清澈，并具有一种可让人亲近的自然美已成为人们所关心的话题。水生植物作为一种既有造景功能又有洁水作用的植物材料，已被越来越多地应用到景观水体的营造中。

1. 滨水植物的概念

滨水植物是指能够在滨水环境中完成生活周期的植物，包括沿岸的乔木、灌木、草本、藤本及生长在近岸浅水区的水生植物。滨水植物可分为湿生植物、水生植物、沼生植物和部分中生植物。其中水生植物根据其生活方式与形态特征的不同，可划分为挺水、浮叶、浮水（漂浮）、沉水及海生等类型，每类水生植物都有其各自的特性。

2. 水生植物的分类

（1）挺水型水生植物　挺水型水生植物植株相对高大，绝大多数有茎、叶之分，基部沉于水中，根在水里的泥土中生长发育，植株上部挺出水面。这类植物非常多，常见的有荷花、菖蒲、黄菖蒲、石菖蒲、花叶石菖蒲、香蒲、千屈菜、水葱、旱伞草、再力花、慈姑、茭白、芦苇、花叶芦竹、灯芯草、紫芋、海芋、泽泻等。

（2）浮叶型水生植物　浮叶型水生植物的根状茎常发达，无明显的地上茎或茎细弱不能直立，叶片或部分植株能漂浮于水面上。常见的种类有王莲、睡莲、萍蓬草、芡实等。

（3）浮水型水生植物　浮水型水生植物整个植株漂浮于水面之上，多数以观叶为主。这类植物通常繁殖速度很快。常见的种类有凤眼莲、大薸、浮萍等。

（4）沉水型水生植物　沉水型水生植物根茎生于泥中，整个植株沉入水体，通气组织发达。叶多为狭长或呈丝状，主要以观叶、观形为主。常见的种类有轮叶黑藻、金鱼藻、马来眼子菜、苦草、菹草等。

（5）喜湿性植物　这类植物喜欢潮湿、温凉的环境，常生长在水池、溪边或假山石缝湿润的土壤里，但它不是真正的水生植物，不能生长在水里。常见的有竹芋、万年青、樱草、玉簪、落新妇和蕨类等植物，还有柳树等乔木。

（6）观赏草　观赏草作为一个新兴的品种，在处理水景时有它独到的一面。观赏草除了一些旱生品种，还有相当数量的水生品种。尤其一部分观赏草由于其优秀的抗性，往往水陆两生，可以营造出一个从浮水到挺水再到陆地的一个过渡带，而这个过渡带才是自然水景的关键所在。我们现在接触的水景大体可分为两种，一种是硬质驳岸，另一种是模仿自然水体景观所营造的驳岸形态。观赏草在这两种形态的景观中都会成为不可或缺的组成部分，在硬质的驳岸景观方面，它的线形叶片可以柔化岸线，使得硬质景观能够充满自然的韵味；在模仿自然的景观方面，往往会用到很多石头，而在这些石头的缝隙间，丛生的观赏草使得水岸与石头合为一体，饶有趣味。

观赏草本身就是天然的净化器，它生长旺盛，能够摄取水体中大量的营养成分，起到净化水质的作用。有许多水景工程希望能够有自然的岸线，但因水土流失的问题，使得工程不得不再次回到混凝土的掌控之下这样成本巨大又遗失了回归自然的初衷。而观赏草能降低水流对驳岸的冲刷动能，其强大的匍匐根茎可以牢牢地抓住岸线的土壤，大大降低岸线部分的土壤流失。在模仿自然的景观方面，往往会用到很多石头，而在这些石头的缝隙间，丛生的观赏草使得水岸与石头合为一体，饶有趣味。

3. 常用沿岸滨水植物

（1）攀援植物　攀援植物可分为缠绕类、吸附类和蔓生类。
缠绕类：金银花、紫藤、炮仗花、观赏南瓜等。
吸附类：爬山虎、常春藤、金边常春藤、扶芳藤等。
蔓生类：多花蔷薇、迎春等。
（2）地被植物　地被植物主要指蕨类，它们附生于岩石、地表或其他植物上。如芒萁、中华里白、凤尾蕨、渐尖毛蕨、狗脊、贯众、肾蕨、团扇蕨、卷柏、铁线蕨等。
（3）沿岸耐湿乔木、灌木和草本植物　这类植物生长在湿地水体边湿润的土壤里，喜湿但根部不能长期浸没在水中。如枫杨、水杉、小叶榕、垂柳、紫薇、羊蹄甲、蒲葵、木芙蓉、花叶芦竹、紫叶芦苇、黄蝉、迎春花、多花蔷薇、马蹄莲、龟背竹、美人蕉、海芋等。

2.3.2　水生植物的生态及景观意义

滨水区是指陆地边缘和水域边缘的交叉过渡区域，这恰恰为人与自然亲近、交流提供了一个得天独厚的环境，因此，近年来滨水区的规划和建设得到了各大城市空前的重视。在依水而建的滨水区景观设计过程中，植物是景观构成的关键基础，又是建立滨水生态环境的决定性因素。

"滨水"是一个很广泛的界定，与河流、湖泊、海洋毗邻的土地，或城镇临近水体的部分都可算作滨水的范畴。这里我们讨论的滨水范围主要是园林景观中的水体，而非广义意义上的城市滨水区域。"滨水植物"一词出现得较晚，到目前为止它的概念尚无人明确提出，编者在本文中认为滨水植物就是指能在滨水环境中正常生长、发育，具有一定观赏特性或是生态保护作用的一类植物，以水生植物为主。而对滨水植物景观的定义，郭春华等人是这样提出的："滨水植物景观是指在水岸线一定范围内所有植被按一定结构构成的自然综合体。"

1. 修饰水面

景观中的各种水体，都可以依靠植物配置出丰富的水体景观。水生植物以其多彩的姿态和优美的线条、绚丽的色彩装饰水面，并在水中形成倒影，使水面和水体变得生动活泼，加强了水体的立体美感。

2. 装点驳岸

可以利用植物的不同形态、质感来柔化驳岸生硬、单调的线条，让水体与陆地能够自然衔接。

3. 丰富水体空间

在水中和水体边缘疏密、错落有致地布置各类水生植物，可以有效地划分水面，丰富其景观层次。

4. 净化水体，保护生物多样性，维持生态平衡

净化水体是水生植物最具代表性的生态功能，常见有挺水植物中的茭白、芦苇；浮叶植物中的睡莲；沉水植物中的金鱼藻、水鳖；漂浮植物中的浮萍、凤眼莲等。这些水生植物都有一定净化水中氮、氯化物、重金属等污染物的能力。另外，水生植物群落还为各种鱼类、鸟类甚至微生物提供了良好的生活栖息地，动植物之间经过长时间的相互作用，使滨水区逐步形成了一个多样、稳定的生态系统。

2.3.3 滨水植物景观设计的原则

1. 自然生态原则

在设计滨水植物景观时，和其他植物设计一样遵循"适地适树、因地制宜"的原则。借鉴当地自然水岸植物群落的结构、组成方式，形成既有生态多样性又能满足人们观赏、游憩需求的植物景观。

2. 本土地域性原则

在对滨水树种进行选择时，除了要了解设计场地的生态环境条件以外，还需要对当地风土人情、象征树种、四季景色等掌握清楚，以便种植的植物种类和群落结构适合当地的风格，更好地展现水体的地域性特征。最常用的方法就是大量使用乡土树种。

3. 主次分明原则

在设计中，注意主要景观节点的营造，重点区域重点绿化，其余地段为基础绿化。主要景点绿化与普通基础绿化的结合使得景观主次分明、重点突出。总之，整个植物景观不能千篇一律，要具有一定的起伏感和节奏感。

4. 艺术原则

（1）色彩艺术　滨水植物景观的塑造可以利用植物的不同色彩使其更加生动，富有生气。如用偏冷色如翠绿色、绿色、深绿色、蓝色的植物可以营造宁静、致远的氛围；如用暖色系植物点缀，则可以烘托出热闹、活跃的气氛。另外，还可以根据不同植物的物候特征，通过合理的配置让滨水景观四季都有美景。

（2）形式艺术　实际操作中应利用植物的各种姿态和线条，与园林小品、道路、水面等景观要素进行巧妙地构图，以此来丰富水体空间层次，达到步移景异的效果。

（3）文化意境　运用传统文化赋予植物的丰富内涵，与当地风土人情、滨水活动相结合。营造出唯美独特、耐人寻味的文化意境，坚持以人为本，让社会每个人都能分享滨水景观所带来的乐趣。

2.3.4 滨水植物景观的设计

1. 江河、湖区的植物景观设计

水面景观低于人的视线，与水边景观呼应，加上水中倒影，最宜观赏。水中植物配置常用荷花，以体现"接天莲叶无穷碧，映日荷花别样红"的意境。但若岸边有亭、台、楼、阁、榭、塔等园林建筑时，或设计中有优美树姿、色彩艳丽的观花、观叶树种时，则水中植物配置切忌拥塞，要留出足够空旷的水面来展示倒影。水边宜选用耐水喜湿、株形柔美的常绿或落叶乔木，特别是枝干能够向水面倾斜的树种，这样很容易形成优美的倒影，与水面相映成趣，仿佛画面一般。如柳树通常配置于河堤、湖堤两岸，杭州西湖的白堤，昆明翠湖公园沿岸就是典型的例子。再配以姿态优美、色泽鲜明的花灌木及水生植物，并利用这些植物的色彩、姿态和线条与自然岩石相结合，增强了景观层次，形成典型的自然水边

景观特色。另外，应当特别注意彩色叶树种的运用，突出植物景观的季相变化。

2. 溪涧的植物景观设计

自然界中，溪水潺潺，山石重叠交错，溪涧景观所要表达的就是一种山间野趣。因此，植物配置就应该依溪水顺势而行，不拘泥于某种形式。可以用高大的常绿、落叶乔木错落有致地栽植，塑造出自然、幽深的感觉，溪边成丛配植花灌木和水生植物，也可以在水面上栽植一些漂浮型水生植物，如浮萍、凤眼莲等，这样可以创造些许乡村野趣。在城市园林建设当中，溪流却常以水渠的形式出现，水渠的驳岸线条较为生硬，植物配置应避免死板、单调的景观效果。

3. 人工水池、喷泉及叠水的植物景观设计

人工水池的边缘线条简单、轮廓分明，外形多是各种规则几何形状。水池通常需要保持一平如镜，旁边很少种植植物，以免掩盖了水中倒影或是树叶落入池中造成污染，从而破坏整个景观气氛。其四周最好种植低矮的草花或配置花坛、盆景，以形成开敞空间，突出其形式美。喷泉和叠水在园林景观表现中经常见到，虽然其形式多样，但我们在植物景观设计的时候，常种植树形简单、色彩素雅的乔木或是绿篱形成框景，或是利用浓密的花草灌木，如凤尾竹、小琴丝竹、龟背竹、蜘蛛抱蛋、鸢尾等作为背景，起到一个衬托的作用，让喷泉和叠水成为整个园林景观的视觉中心。

4. 湿地的植物景观设计

在湿地的植物配置中，应当注意保持原有植物种类和生态面貌，在创造优美植物景观的同时发挥最大的生态效益和社会效益，最有效的方法就是模仿自然湿地植物群落的组成与结构。一般种植湿地松、落羽杉、水杉、池杉等树干通直、株型优美的高大乔木，组成起伏变化的优美轮廓线，树林下可以高矮疏密、错落有致地大量配置各类滨水植物。但务必要注意植物运用不宜过于拥挤，应与水面大小、比例、周围环境相协调，尤其不能阻碍水面倒影、景观透视线的形成。

5. 驳岸的植物配置

驳岸分土岸、石岸、混凝土岸等，其植物配置原则是既能使山和水融成一体又对水面的空间景观起着主导作用。土岸边的植物配置，应结合地形、道路、岸线布局，达到有近有远、有疏有密、有断有续、曲曲弯弯、自然有趣的效果。石岸线条生硬、枯燥，植物配置原则是露美、遮丑，使之柔软多变，一般配置岸边垂柳和迎春，让细长柔和的枝条下垂至水面，遮挡石岸，同时配以花灌木和藤本植物，如变色鸢尾、黄菖蒲、燕子花、地锦等进行局部遮挡，增加活泼气氛。

6. 堤、岛的植物配置

水体中设置堤、岛是划分水面空间的主要手段，堤常与桥相连。堤、岛的植物配置不仅增添了水面空间的层次，而且丰富了水面空间的色彩，倒影成为主要景观。岛的类型很多，大小各异。例如，环岛以柳为主，间植侧柏、合欢、紫藤、紫薇等乔灌木，疏密有致，高低有序，增加层次，具有良好的引导功能。还可用一池清水来扩大空间，打破郁闭的环境，创造自然活泼的景观，如在公园局部景点、居住区花园、屋顶花园、展览温室内部、大型宾馆的花园等都可建造小型水景园，配以水际植物，造就怡人的空间。

【课后训练】完成实训项目五

实训项目五 滨水植物景观设计

一、实训目的

通过实地考察，具体分析某处滨水植物景观设计实例。

1）掌握滨水植物景观设计的原则。

2）掌握植物景观设计的方式。

3）掌握常用滨水植物的种类、形态特征、生态习性，以及配置的方式、方法（不少于20种）。

二、实训场所与工具材料

实训场所：校内外某处滨水景观。

实训工具：A4图纸、铅笔、针管笔、橡皮擦、圆规、直尺、三角板、彩笔等。

三、实训成果要求

1）用文字或画图的方式，描述和分析所考察实例的滨水类型、环境条件、滨水景观的细部设计等。

2）试着画出所考察滨水景观的植物配置图，并根据自己的理解写出简单的设计说明。

3）调查实例所运用的植物种类及配置的方式、方法。

4）写出所考察实例的特点和不足，并提出相关意见或建议。

四、考核内容和考核方法

序号	评分项目	评分标准	分值	得分
1	实训成果要求1	能详细、完整地描述滨水类型、环境条件等要求的内容，并有适当的分析	20	
2	实训成果要求2	植配图完整、清晰、有特点，能够准确表达实例的设计意图	45	
3	实训成果要求3	能够准确认知实例所运用的植物种类	20	
4	实训成果要求4	能够写出特点和不足，提出独特的见解	15	
总分				

任务 2.4 庭院植物景观设计

简单地说庭院就是建筑物前后、左右或被建筑物包围的那部分场地，屋顶花园也归类为庭院的范畴。

随着人们生活水平和物质文化品位的提高，经过适当区划、科学设计，可以设置人工山水，种植各种花草树木，能够为追求高品质生活的人们提供娱乐、观赏和休憩的私人住宅庭院越来越受欢迎。首先，庭院既能美化环境，也能作为家庭生活环境的外延和补充；其次，可以作为完美的私人社交活动场所；最后，可以根据自己的兴趣、爱好，为自己营造独特的活动环境。

2.4.1 庭院的类型及特点

1. 住宅小庭院（图2-96）

私家庭园中的植物功能应该是多样化的，尤其体现在让人参与的功能。想好要在院子里做些什么，停留坐卧或是只需穿行往来，依此来确定硬地铺装和绿化的结合方式。绿化的部分注重层次，注意高矮搭配和色彩搭配。如果以绿化作为分隔，要考虑植物无毒无刺。

图2-96 住宅小庭院

住宅庭院空间是一个外边封闭而中心开敞的较为私密性的空间。在这个空间里，有着强烈的场所感，所以人们乐于去聚集、交往和参与。因此，可考虑营造蔬菜型庭院绿化、果树型庭院绿化、药材型庭院绿化等具有园艺功能的庭院。在考虑其环境性质和庭院主人喜好的基础上，对庭院绿化进行准确定位和绿化布局，创造出优美的人居环境，从而陶冶情操，让忙碌的人们放松心情、接近自然、感受自然。目前，都市人群向往回归自然、亲近自然、释放压力，因此，园艺型住宅庭院应运而生了。园艺型住宅庭院按种植内容分为：①蔬菜型绿化庭院；②果树型绿化庭院；③药材型绿化庭院。园艺型住宅庭院按种植功能分为：①创意观赏景观型；②观赏生产混合型；③体验参与型。

2. 公共建筑庭院（图2-97）

公共建筑庭院包括餐厅、茶室、图书馆、医院、学校、银行等建筑的小型庭院。这类庭院的植物配置要充分利用植物的多样性，达到一年常绿、四季有花的效果，同时注重所用植物材料季相和花期的变化，做到"适地适树、适景适树"。绿化设计主导思想以简洁、大方、便民、美化环境为原则，使绿化和建筑相互融合，相辅相成。种植的植物必须着眼于长期，在形成良好的庭院景观的同时，应考虑方便今后的养护管理。在节省经费、美化环境方面，要有其突出的优点，争取以少的投入获得最佳效果。

图 2-97　公共建筑庭院（医院）

3. 办公小庭院（图2-98）

在办公小庭院中多采用单株植物，它的形体、色彩、质地、季相变化等被充分发挥。对植、丛植、群植的植物通过形状、线条、色彩、质地等要素的组合及合理的尺度，加上不同绿地背景元素的搭配，为景观增色，能让人在潜意识的审美感觉中调节情绪。

4. 公共休憩小庭院（图2-99）

公共休憩小庭院即被建筑、围墙等围合的小块空地，被辟为开放性的休憩用庭院。这类庭院面积一般一般较小，人流量很大，一般供人作短时休息、停留、等候之用。它的植物景观设计要从园林绿地的性质、功能出发，并与其总体艺术布局相协调。要考虑景色的季相变化和植物景观设计在形、色、味、韵上的综合应用。同时，要根据园林植物的生态习性来配置，合理确定种植形式、种植密度及相互间的搭配。

图 2-98　南京苏宁易购办公区庭院

图 2-99　美国纽约佩克公园——"口袋公园"

2.4.2　庭院植物景观设计的原则

1. 因地制宜原则

不同的环境条件需要选择不同的植物种类，使用不同的景观设计方法。在庭院植物景观设计时，要根据设计场地生态环境的不同，因地制宜地选择适当的植物种类，使植物本身的生态习性和栽植地点的环境条件基本一致，使方案能最终得以实施。这就要求设计者首先对设计场地的环境条件（包括温度、湿度、光照、土壤和空气）进行勘测和综合分析，然后才能确定具体的种植设计。

2. 功能性原则

庭院植物景观具有保护和改善环境的功能、美化功能和使用功能等。成功的设计必须满足使用功能要求。例如，庭院能创造出理想的地方就餐，款待亲朋，让孩子们尽兴。按照不同的使用性质，可将庭院分为静赏型庭院和游赏型庭院，无论哪一种都需要一定的植物种类和配置方式与其功能配合。

3. 以人为本原则

任何景观都是为人而设计的，但人的需求并非仅仅是对美的享受，真正的以人为本应当首先满足人作为使用者的最根本的需求，做好总体布局。在庭院植物景观设计中亦是如此，设计者必须掌握人们的生活和行为的普遍规律，使设计能够真正满足人的行为感受和需求，即必须实现其为人服务的基本功能。庭院植物景观设计必须符合人的心理、生理、感性和理性需求，把服务和有益于人的健康、舒适作为庭院植物景观设计的根本，体现以人为本，满足居民人性回归的渴望，力求创造环境宜人、景色引人、为人所用、尺度适宜、亲切近人的环境，达到人景交融。同时，不但要满足当代人的需要，而且要为后人的发展需要留有余地，实现人类的可持续发展。

4. 经济性原则

植物景观以创造生态效益和社会效益为主要目的，但这并不意味着可以无限制地增加投入。在庭院植物景观设计中应遵循经济性原则，在节约成本、方便管理的基础上，以最少的投入获得最大的生态效益和社会效益，为改善城市环境、提高城市居民生活环境质量服务。例如，多选用寿命长、生长速度中等、耐粗放管理、耐修剪的植物，以减少资金投入和管理费用。

5. 个性化原则

在一个越来越强调个性发展和个人价值的社会，个性经验、个人理解和个人情感的投入在园林景观设计中的地位日益重要。注重个性的设计理念，并非鼓励个人刚愎自用或脱离实际的闭门造车，而是强调个人对自然、对社会、对生态、对艺术、对历史等的独特理解，以及个性化的设计手法，强调个人对园林景观内涵与本质的独特认识。

6. 多样性原则

庭院植物景观设计的多样性体现在植物种类的多样性、彩色植物的应用、开花植物的应用和立体空间的利用等方面。庭院绿化除了应有一定数量的植物种类外，还应有丰富的植物群落类型和组成层次的多样性作基础。植物搭配的类型有乔木-草本型、灌木-草本型、乔木-灌木-草本型、乔木-灌木-藤本型等，要因地制宜地根据不同庭院服务对象的需求和应达到的功能要求进行植物景观设计。

2.4.3 屋顶花园植物景观的设计

1. 屋顶花园的概念及类型

（1）屋顶花园　屋顶花园是指在各类建筑物的顶部（包括屋顶、楼顶、露台或阳台）栽植花草树木，建造各种园林小品所形成的绿地。近年来伴随着我国城市建设的发展，大中型城市有进一步高密度化和高层化的发展趋势，城市绿地越来越少，多、高层建筑大量涌现，人们的工作与生活环境越来越拥挤。在这种情形下，为了尽可能增加工作与生活区域的绿化面积，满足城市居民对绿地的向往及对户外生活的渴望，提高工作效率，改善生活环境，在多层或高层建筑中利用屋顶、阳台或其他空间进行绿化，是一项非常有意义的工作。

（2）屋顶花园的类型　屋顶花园的类型有以下几种：

1）按功能要求分。

① 休闲屋顶：在屋顶进行绿色覆盖的同时，建造园林小品、花架、廊亭以营造出休闲娱乐、高雅舒适的空间，给都市人提供一个释放工作压力、排解生活烦恼、修身养性、畅想未来的优美场所。

② 生态屋顶：在屋面上覆盖绿色植被，并配有给水排水设施，使屋顶具备隔热保温、净化空气、阻止噪声、吸收灰尘、增加氧气的功能，从而提高人们的生活品位。生态屋顶不但能有效增加绿地面积，更能有效维持自然生态平衡，减轻城市热岛效应，提升整个楼盘档次，让屋顶变为"金顶"。

③ 种植屋顶：屋顶光照时间长，昼夜温差大，远离污染源，在其上所种的瓜果蔬菜含糖量比地面高50%以上，碳水化合物丰富，那是用金钱也难买的纯天然绿色食品，这种屋顶适合居民住宅。种植屋顶能够为人们提供一个绿色的庭院，并能采摘食用自己亲手种植的果实，能使人享受劳动的愉悦、清爽的环境、洁净的空气、丰富的含氧量，甚至还有一份意外的经济回报。

④ 多功能屋顶：集"休闲屋顶""生态屋顶""种植屋顶"于一体的屋顶绿化方式。它能够兼优并举，使一个建筑物呈多样性，让人们的生活丰富多彩，尽享其中之乐趣，有效地提高生活品质，促使环境的优化组合。让生存环境进一步人性化、个性化、优美化，体现出人与大自然和谐共处、互为促进的理性生态。

2）按规划设计形式分

① 坡屋顶绿化（图2-100）。住宅建筑的屋顶分为人字形坡屋顶和单斜坡屋顶。在一些低层住宅建筑或平房屋顶上可采用适应性强、栽培管理粗放的藤本植物，如葛藤、爬山虎、南瓜、葎草、葫芦等。尤其在郊区，低层住宅的屋顶常与屋前屋后相结合，在其上可种植一些经济植物。在欧洲，常见建筑屋顶种植草皮，形成绿茵茵的"草房"，让人倍感亲切。

② 平屋顶绿化（图2-101）。平屋顶在现代建筑中较为普遍，这是发展屋顶花园最有潜力的结构形式，根据我国屋顶花园现有的特点，可将平屋顶绿化分为以下几种：

图 2-100　坡屋顶绿化

图 2-101　平屋顶绿化

a. 苗圃式（图2-102）。从生产效益出发，将屋顶作为生产基地，种植蔬菜、中草药、果树、花木和农作物。可在农村利用屋顶扩大副业生产，取得经济效益，甚至可以利用屋顶养殖观赏鱼类，建造"空中养殖场"。

b. 周边式（图2-103）。沿屋顶女儿墙四周设置种植槽，槽深0.3~0.5m，根据植物材料的数量和

图 2-102　苗圃式屋顶绿化

图 2-103　周边式屋顶绿化

需要来决定槽宽，最窄的种植槽宽度为0.5m，最宽可达1.5m以上。这种布局方式较适合住宅楼、办公楼和宾馆的屋顶花园。在屋顶四周种植高低错落、疏密有致的花木，中间留有人们活动的场所，可设置花坛、坐凳等。四周绿化还可选用枝叶垂挂的植物，以美化建筑的立面效果。

c. 庭院式。庭院式是屋顶绿化中质量较高的形式，根据屋顶的大小和使用功能的要求，将地面的庭园移植到屋顶上，在屋顶上种植树木、花坛、草坪，并配有园林建筑小品，如水池花架、室外家具等。这种形式多用于宾馆、酒店，也适合用于企事业单位及居住区公共建筑的屋顶绿化。

2. 屋顶花园植物景观设计原则

屋顶花园的设计手法和地面庭园大致相同，都是运用建筑、水体、山石和植物等要素组织庭园空间，运用组景、点景、借景和障景等基本技法去创造庭园空间。不同的是屋顶花园地处高空，应发挥它的视点高、视域广的高空特点。屋顶花园的布局要有利于屋面的结构布置，要在尽量减轻屋面荷载的前提下，采取各种技术措施满足屋顶花园植物的生态要求，这是屋顶花园和地面花园在造园技术方面的主要区别。屋顶花园成败的关键在于减轻屋顶荷载、改良种植土、屋顶结构类型和植物的选择与植物设计等问题。游览性屋顶花园多半是在屋顶上铺草植树、修池垒石，设计时要注意庭园立意、布局、比例和尺度、色彩和质感、设计方法和技巧。装饰性屋顶花园的设计重点是突出它的装饰性效果，可运用不同颜色的砾石和盆栽植物组成色彩鲜明的图案，也要注意铺地的色彩和纹样，有条件的还可运用照明设施，使装饰性屋顶花园在夜晚更有魅力。

（1）屋顶花园植物景观设计总则

1）植物造景为主，把生态功能放在首位。

2）确保营造屋顶花园所增加的荷重不超过建筑结构的承重能力，屋面防水结构能安全使用。

3）因为屋顶花园相对于地面的公园、游园等绿地来讲面积较小，所以必须精心设计才能取得较为理想的艺术效果。

4）尽量降低造价，从现有条件来看，只有较为合理的造价，才有可能使屋顶花园得到普及从而遍地开花。

（2）屋顶花园植物景观设计应考虑的因素

由于屋顶花园的位置一般距地面较高，屋顶花园的生态环境是不完全同于地面的，其植物景观设计要考虑以下几个方面：

1）园内空气畅通，污染较少，屋顶空气湿度比地面低，同时，风力通常要比地面大得多，使植物本身的水分蒸发量加大，而且由于屋顶花园内种植土较薄，很容易使树木倒伏。

2）屋顶花园的位置高，很少受周围建筑物遮挡，因此，接受日照时间长，有利于植物的生长发育。另外，阳光强度的增加势必使植物的水分蒸发量增加，在管理上必须保证水的供应，所以在屋顶花园上应尽可能地选择那些阳性、耐旱、水分蒸发量较小的植物（一般为叶面光滑、叶面具有蜡质结构的树种，如南方的茶花、枸骨，北方的松柏、鸡爪槭等），在种植层有限的前提下，可以选择浅根系树种，或以灌木为主，如需选择乔木，为防止被风吹倒可以采取加固措施以利于乔木生存。

3）屋顶花园的温度与地面也有很大的差别。一般在夏季，白天花园内的温度比地面高出3~5℃，夜晚则低于地面3~5℃，温差大对植物进行光合作用是十分有利的。在冬季，北方一些城市其温度要比地面低6~7℃，致使植物在春季发芽晚秋季落叶早，观赏期变短。因此，要求在选择植物时必须注意植物的适应性，应尽可能选择绿期长、抗寒性强的植物种类。

4）屋顶花园植物在抗旱、抗病虫害方面也与地面种植的植物不同。由于屋顶花园内植物所生存的土壤较薄，一般草坪的土壤为15~25cm，小灌木的土壤为30~40cm，大灌木的土壤为45~55cm，乔木（浅根）的土壤为60~80cm，这样使植物在土壤中吸收养分受到限制，如果每年不及时为植物补充营养，必然会使植物的生长势变弱。同时，一般在屋顶花园上的种植土为人工合成的轻质土，其堆密度较小，土壤孔隙较大，保水性差，土壤中的含水量与蒸发量受风力和光照的影响很大，如果管理跟不上很容易使植物因缺水而生长不良，而且抗病能力降低，一旦发生病虫害轻则影响植物观赏价值，重则可使植物死亡。因此，在屋顶花园上选择植物时必须选择抗病虫害、耐瘠薄、抗性强的树种。

5）由于屋顶花园面积小，在植物种类上应尽可能选择观赏价值高、没有污染（不飞毛、落果少）的植物，要做到小而精，矮而观赏价值高，只有这样才能建造出精巧的屋顶花园来。

（3）屋顶植物配置对树种要求的特殊性

1）要考虑荷载问题，屋顶上要求选择小乔木、灌木、地被草皮等，应该尽量采用轻型基质栽培。如使用屋顶绿化专用无土草坪，在生产无土草坪时，可根据需要调整基质用量，用以代替屋顶绿化所需的同等厚度的壤土层，从而大大减轻屋顶承重。

2）要选浅根系的树种，由于植被下面长期保持湿润，并且有酸、碱、盐的腐蚀作用，会对防水层造成长期破坏。同时，屋顶植物的根系会侵入防水层，破坏房屋屋面结构造成渗漏。屋顶花园防漏还有个难点是：屋顶上面有土壤和绿化物覆盖，如果渗漏很难发现漏点在哪里，难以根治，因此要求选浅根系的植物。

3）要考虑屋顶环境成活难的问题。植物要在屋顶上生长并非易事，由于屋顶的生态环境与地面有明显的不同，需要根据各类植物的生长特性，选择适合屋顶生长环境的植物品种。宜选择耐寒、耐热、耐旱、耐瘠薄、生命力旺盛的花草树木。花木最好选择袋栽苗，以保证成活。

4）栽培介质对屋顶植物配置有一定限制性。传统的壤土不仅重，而且容易流失，如果土层太薄，极易迅速干燥，对植物的生长发育不利。如果土层厚一些，满足了植物生长，又不能满足屋顶承重要求。因此，应该选用质地轻的无土基质来代替壤土，可以直接使用营养袋基质栽培的花木和无土栽培的草坪毯。我国常采用蛭石、锯木屑、蚯蚓土、炭渣、腐叶土、膨胀珍珠岩、泡沫有机树脂制品等按不同比例和材料混合成介质。

5）屋顶植物配置的景观效果具有独特性。屋顶花园面积都不大，绿化花木的生长又受屋顶特定的环境所限制，可供选择的品种有限。所以宜以草坪为主，适当搭配灌木、盆景，还要重视芳香和彩色植物的应用，做到高矮疏密错落有致、色彩搭配和谐合理。

3. 屋顶花园的结构层次

（1）屋顶花园屋面面层结构基本构造

一般屋顶花园屋面面层结构从上到下依次是：植物层、栽培基质层（包括灌溉设施、喷头、置景石）、过滤层、排水层、防水层、找平层、保温隔热层、现浇混凝土楼板或预制空心楼板。

1）植物层：植物的选择要遵照适地适树原则，景点的设置要注意荷载不能超过建筑结构的承重力，同时要满足园林艺术要求。

2）栽培基质层：为使植物生长良好，同时尽量减轻屋顶的附加荷重，种植基质一般不直接用地面的自然土壤（主要是因为土壤太重），而是选用既含各种植物生长所需元素又较轻的人工基质，如蛭石、珍珠岩、泥炭及其与轻质土的混合物等。

3）过滤层：为防止种植土中的细小颗粒及养料随水而流失，或堵塞排水管道，采用在种植土层下铺设过滤层的方法。过滤层的材料种类较多，如稻草、玻璃纤维布、粗沙、玻璃化纤布等，不论选用何种材料，所要达到的质量要求是既可通畅排灌又可防止颗粒渗漏。

4）排水层：屋顶花园的排水屋设在防水层之上、过滤层之下，其作用是排除上屋积水和过滤水，但又储存部分水分供植物生长之用。通常的做法是在过滤层下做 100～200mm 厚的轻质骨料材料铺成排水层，骨料可用砾石、煤渣和陶粒等。屋顶栽培基质的下渗水和雨水通过排水层排入暗沟或管网，此排水系统可与屋顶雨水管道综合考虑。它应有较大的管径能清除堵塞。在排水层骨料选择上要尽量采用轻质材料以减轻屋顶自重，并能起到一定的屋顶保温作用。

5）防水层：屋顶花园防水处理成败与否将直接影响建筑物的正常使用。屋顶防水处理一旦失败，必须将防水层以上的排水层、过滤层、栽培基质层、各类植物和园林小品等全部取出，才能彻底发现漏水的原因和部位。因此，建造屋顶花园首先应确保防水层的防水质量。建议在建筑物设计、施工过程中，必须与屋顶花园设计密切配合。

（2）屋顶荷载的减轻

屋顶绿化设计首先要考虑屋面荷载的大小，屋面荷载应先算出单位面积的荷载再进行结构计算。一般苗圃式屋顶花园荷载为200kg/m²，庭园式花园荷载为500～1000kg/m²。如果设计荷载不合适，则会影响建筑造价或造成安全隐患。为减轻屋顶的荷载，一方面要借助于屋顶结构选型，减轻结构自重和结构自防水问题；另一方面就是减轻屋顶花园所需"绿化材料"的自重，包括将排水层的碎石改成轻质的材料等，上述两方面要结合起来考虑，使屋顶建筑的功能与绿化的效果完全一致，既能隔热保温，又能减缓柔性防漏材料的老化。具体方法简述如下：

1）减轻种植基质重量，采用轻基质如木屑、蛭石、珍珠岩等。

2）植物材料尽量选用一些中、小型花灌木以及地被植物、草坪等，少用大乔木（图2-104）。

3）可少量设置园林小品及选用轻质材料，采用轻型混凝土、竹、木、铝材、玻璃钢等制作小品（如凉亭、棚架、假山石、室外家具及灯饰等）（图2-105）。

图2-104 屋顶花园地被植物种植　　　图2-105 屋顶花园园林小品

4）用塑料材料制作排灌系统及种植池。

5）采用预制的植物生长板，生长板采用泡沫塑料、白泥炭或岩棉材料制成，上面挖有种植孔。

6）合理布置承重，把较重物件如亭台、假山、水池安排在建筑物主梁、柱、承重墙等主要承重构件上或者是这些承重构件的附近，以利用荷载传递提高安全系数。

7）减轻防水层重量，如选用较轻的三元乙丙防水布等。

8）减轻过滤层和排水层重量，尽量选用轻质材料，如用玻璃纤维布作过滤层比粗沙要轻，用陶粒作排水层比砾石要轻。

4. 屋顶花园植物种植设计

（1）屋顶花园植物选择的要求

1）选择耐旱、抗寒性强的矮灌木和草本植物，以利于植物的运输、栽种和管理。

2）选择阳性、耐瘠薄的浅根性植物。屋顶花园大部分地方为全日照直射，光照强度大，植物应尽量选用阳性植物。但在某些特定的小环境中，如花架下面或靠墙边的地方，日照时间较短，可适当选用一些半阳性的植物种类以丰富屋顶花园的植物品种。屋顶的种植层较薄，为了防止根系对屋顶建筑结构的侵蚀，应尽量选择浅根系的植物。因施用肥料会影响周围环境的卫生状况，故屋顶花园应尽量种植耐瘠薄的植物种类。

3）选择抗风、不易倒伏、耐积水的植物种类。在屋顶上空风力一般较地面大，特别是雨季或台风来临时，风雨交加对植物的生存危害最大，加上屋顶种植层薄，土壤的蓄水性能差，一旦下暴雨易造成短时积水，故应尽可能选择一些抗风、不易倒伏，同时又能耐短时积水的植物。

4）选择以常绿为主、冬季能露地越冬的植物。宜用叶形和株形秀丽的品种，为了使屋顶花园更加绚丽多彩，体现花园的季相变化，还可适当栽植一些彩叶树种；另在条件许可的情况下，可布置一些盆栽的时令花卉，使花园四季有花。

5）尽量选用乡土植物，适当引种绿化新品种。乡土植物对当地的气候有高度的适应性，在环境相对恶劣的屋顶花园，选用乡土植物有事半功倍之效，同时考虑到屋顶花园的面积一般较小，为将其布置得较为精致，可选用一些观赏价值较高的新品种以提高屋顶花园的档次。

6）选择易成活、耐修剪、生长速度较慢的植物。屋顶的位置较高，植物生长的条件相对恶劣，要选择成活率较高的植物，减少补苗的成本。修剪能增加植物的观赏价值，提高屋顶花园的品位，但生长过快的植物会增加修剪等的管理成本，且增加倒伏的风险。

（2）屋顶花园常见植物

由于屋顶自然环境与地面、室内差异很大，因此，一般应选择阳性的、耐旱、耐寒的浅根性植物，低矮、抗风、耐移植的品种。常见的有罗汉松、瓜子黄杨、大叶黄杨、雀舌黄杨、锦熟黄杨、珊瑚树、棕榈、蚊母、丝兰、栀子花、巴茅、龙爪槐、紫荆、紫薇、海棠、腊梅、寿星桃、白玉兰、紫玉兰、南天竹、杜鹃、牡丹、茶花、含笑、月季、橘子、金橘、茉莉、美人蕉、大丽花、苏铁、百合、百枝莲、鸡冠花、枯叶菊、桃叶珊瑚、海桐、构骨、葡萄、紫藤、常春藤、爬山虎、六月雪、桂花、菊花、麦冬、葱兰、黄馨、迎春、天鹅绒草坪、荷花等，可因时因地确定使用材料。其中以成都地区屋顶花园的植物为例，常用的有以下几种：

1）乔木：桂花、腊梅、红叶李、竹类、樱花、罗汉松、白兰花、银杏、茶花、垂丝海棠、苏铁、天竺桂、贴梗海棠、桃树、樱桃树、枇杷树、蒲葵、紫薇、幌伞枫、红枫、龙爪槐、千层金、扶桑等。

2）灌木：杜鹃、栀子花、含笑、南天竹、双色茉莉、鸭脚木、绣球、玉簪、滴水观音、月季、五色梅、一叶兰、八角金盘、红叶石楠、棕竹、红继木、洒金珊瑚、小叶黄杨、黄晶菊、葱兰以及各类时令花卉等。

3）藤蔓：紫藤、油麻藤、血藤、七里香、常春藤、叶子花等。

4）草坪：麦冬、混播草坪、结缕草、三叶草、马蹄金、佛甲草等。

（3）屋顶花园植物装饰。

1）可以利用檐口、雨篷坡屋顶、平屋顶、梯形屋顶进行植物装饰。根据种植形式的不同，常用观花、观叶及观果的盆栽形式，如盆栽月季、夹竹桃、火棘、桂花、彩叶芋等。

2）可利用空心砖做成25cm高的各种花槽，用厚塑料薄膜内衬高至槽沿，底下留好排水孔，花槽内填入培养介质，栽植各类草本花卉，如一串红、凤仙花、翠菊、百日草、矮牵牛等。

3）可用木桶或大盆栽种木本花卉点缀。其中，在不影响建筑物的负荷量的情况下，也可以搭设荫棚栽种葡萄、紫藤、凌霄、木香等藤本植物。在平台的墙壁上、篱笆壁上可以栽种蔷薇、常春藤等。

根据屋顶花园承载力及种植形式的配合和变化，可以使屋顶花园产生不同的特色。承载力有限的平屋顶可以种植地被植物或其他矮型花灌木，如垂盆草、半支莲，还可种植爬蔓植物，如爬山虎、紫藤、五叶地锦、凌霄等可以直接覆盖在屋顶形成绿色的地毯。对于条件较好的屋顶，可以设计成开放式的花园，参照园林式的布局方法，可以做成自然式、规则式、混合式。但总的原则是要以植物装饰为主，适当堆叠假山、置石、棚架、花墙等，形成现代屋顶花园。在城市的屋顶花园中，应特别注意少建或不建亭、台、楼、阁等建筑设施，而注重植物的生态效应。

（4）屋顶花园植物种植要点

1）各类植物生存及生育的最低土壤厚度见表2-3。

表 2-3　屋顶花园种植区植物生长的土层厚度与荷载值

类别	单位	地被	花卉小灌木	大灌木	浅根乔木	深根乔木
植物生存种植土最小厚度	cm	15	30	45	60	90～120
植物生育种植土最小厚度	cm	30	45	60	90	120～150
排水层厚度	cm	—	10	15	20	30
平均荷载 （种植土容重按 1000kg/m³）	kg/m² （生存）	150	300	450	600	600～1200
	kg/m² （生育）	300	450	600	900	1200～1500

2）乔木、大灌木尽量种植在承重墙或承重柱上。

3）屋顶花园一般土层较薄而风力又比地面大，易造成植物的"风倒"现象，所以一定要注意植物的选择原则。绿化栽植最好选取在背风处，至少不要位于风口或有很强穿堂风的地方。

4）屋顶花园的日照要考虑周围建筑物对植物的遮挡，在遮荫区应配置耐荫植物，还要注意防止由于建筑物对阳光的反射和聚光致使植物局部被灼伤现象的发生。

（5）屋顶花园植物的养护管理

屋顶花园建成后就要对各种草坪、地被植物、花木进行养护管理，由于屋顶的特殊性，一般要求有园林绿化种植管理经验的专职人员来承担。养护管理是保证成活的关键环节，必须给予足够的重视。

1）栽植后的管理

① 立支柱：为防止较大树被风吹倒，应立支柱支撑。支柱一般采用木杆或竹竿，长度视树高而定，以能支撑树高的 1/3～1/2 处为准。支柱下端打入土中 20～30cm。立支柱的方式有单支式、双支式和三支式 3 种，一般采用三支式。支法有斜支和立支。支柱与树干间用草绳隔开，并将两者捆紧。

② 浇水：栽植后，应于当日内灌透水一遍。所谓透水，是指灌水分 2～3 次进行，每次都应灌满土堰，前次水完全渗透后再灌下一次。隔 2～3d 后浇第二遍水，隔 7d 后浇第三遍水，以后 14d 浇一次直至成活。对于珍贵树木，增加浇水次数并经常向树冠喷水，以降低植株温度减少蒸腾。在浇完第一遍水后的次日，应检查树苗是否歪斜，发现后应及时扶正，并用细土将堰内缝隙填严，将苗木固定好。在浇三遍水之间，待水分渗透后，用小锄或铁耙等工具将表土锄松，减少水分蒸发。

2）日常管理

① 浇水：对于屋顶花园的浇水，要注意干透浇透，春季和冬季尽量少浇，而夏、秋两季由于温度高水分蒸发快，坚持早晚各浇一次，早上 7—8 点、晚上 6 点左右浇水较为合适。

② 施肥：一般要求在秋季施足底肥，春季施追肥，而夏季、冬季视情况而施肥。

③ 中耕除草：对屋顶花园来说由于面积不大管理较方便，对草坪的杂草要随时清理，每年可中耕 1～2 次。

④ 病虫管理：要做到以防为主、防治结合，一旦发现病虫要及时防治，以防传播。

⑤ 修剪：对屋顶上的植物要进行修剪，去除枯枝败叶，及时清理现场减少病菌传染。

2.4.4　私家花园植物景观的设计

1. 私家花园绿化植物的选择

私家花园绿化植物的选择应根据庭院的立地条件（土壤、光照、水分、通风等）而定，因地制宜，适地适树。院落围墙最好改造为通透或半通透式，以利增加光照和通风。为保证植物的正常生长，宜将土壤深翻（一般 30cm 左右即可）并过筛，除去建筑垃圾，酌情而定是否换土，以增强土壤的通透性。植物材料的选择按其用途不同分为以下几类。

1）经济食用型：乔木类，如杏树、梨树、枣树、苹果、石榴、山楂、杜仲、香椿、樱桃、木瓜等；藤蔓类，如葡萄、金银花、猕猴桃、观赏瓜类等。

2）观赏型（以观花或观果为主）：乔灌木类，如海棠、玉兰、牡丹、芍药、月季、木槿、棣棠、锦带花等；藤蔓类，如蔷薇、木香、黄馨、凌霄、迎春等；观赏草坪类，如早熟禾、黑羊毛、天鹅绒等；竹类，如斑竹、紫竹等。

3）庭荫观赏混合型：乔木类，如白玉兰、紫玉兰、三角枫、合欢等；灌木类，如紫薇、重瓣石榴、碧桃、棣棠、红枫、腊梅等；草本观花类，如一串红、鸡冠花、万寿菊、金盏菊等；草坪类，如白三叶、高羊矛、黑麦草等。

在植物选择上，宜求精而忌繁杂，避免给人拥挤感。在植物配置上，应根据其不同的生态习性，尽量做到乔木、灌木、草坪、地被植物相结合，使花园内四季有景可赏、有花可观，如在种植一些乔灌木的同时，可在靠墙角处种植几株球型灌木，铺以常绿地被麦冬等。而栽植几丛翠竹，配上几块拙石，将会使住宅平添几分生机与雅气。

2. 常见私家花园植物景观种植方式

（1）孤植、对植与丛植　私家花园中的孤植树应与空间相协调，尽量选择小巧、造型别致或者是开花繁茂、叶色亮丽、极具个体美的树种。通常用于大片草坪中、庭院的一角或与山石搭配。

对植则多采用非对称式，即对植的两株（丛）植物要在主体景物的中轴线上形成左右均衡、相互呼应的状态，如左边放一棵较大的乔木，右边则可以配置两株或是一丛较小的植物，形成动态的平衡。因此，与对称式对植相比，非对称式对植看起来要自然许多。

丛植主要表现植物的群体美，尽量选择在色彩、姿态、香味等方面有特点的植物，种类可以相同也可以不同，但要协调一致。应当注意的是，丛植株距的设置应以达到造景效果又不至于影响正常生长为宜。如图2-106所示为某法式别墅区样板庭院绿化，建筑外立面墙角由花境围边成自然形态，有地被小灌木花叶常春藤、大花六道木、小叶栀子、杜鹃、金森女贞、红叶石楠、花叶玉簪；第二层有红花继木球、桃叶珊瑚、窄叶十大功劳、南天竹等；别墅外立面角部配植红叶石楠柱、法国冬青柱，形成叶色、叶形、花色搭配丰富的建筑外立面围边花境植物群落。

图 2-106　某法式别墅区样板庭院绿化

（2）种植池种植　将植物配植在用砖、天然石块或木头制成的种植池里，这样可以使庭院里不同的植物显得整齐有序，起到一个规划分类的作用。同时，种植池不同的建筑材质可以丰富庭院整体的色彩与质感。另外，对于湿度比较大、地下水位比较高的区域，也宜用种植池的方式栽植植物，利于排水。

（3）曲线种植　如果私家花园面积有限，最好采用曲线种植的方式，这样不但可以扩大种植空间，而且增加了景观层次，最大限度地达到步移景异的效果。如图2-107所示为某别墅私家庭院绿化，硬质景观平面布置与庭院建筑相结合，以自然曲线和形态，多层次、多样化地配植叶色、花色季相变化植物，与上层乔木整体构成庭院空间围合，形成自然花境植物群落和庭院草坪空间。

（4）盆栽种植　盆栽具有摆放灵活、管理方便的特点，特别适合空间狭小，管理粗放的庭院环境，如图2-108所示。

（5）垂直绿化　垂直绿化也称立体种植，是庭院植物景观设计的一个典型特点，即利用藤蔓植物攀爬生长的特点，增大

图 2-107　某别墅私家庭院绿化

绿化面积，软化呆板的墙体。同样也可种植于假山、枯树、花拱、凉亭、棚架等。进行立体绿化可以利用蔷薇、金银花、牵牛花等，使院墙成为"花墙"；利用棚架攀援植物，使庭院成为花廊、荫棚；利用爬山虎、扶芳藤等垂直绿化，使房屋墙面变为"生态墙"、景墙。垂直绿化的类型及植物的选择简述如下：

1）室外墙壁、山石、柱形物的绿化：这类绿化多选用攀援力强的大型木本攀援植物。如爬山虎、粉叶爬山虎、异叶爬山虎、络石、紫花络石、常春藤、美国凌霄、大花凌霄、胶东卫矛、扶芳藤、曼八仙花、辟荔、爬藤榕、九重葛、毛宝巾、青龙藤、啤酒花、金银花、淡红忍冬、苦皮藤、打碗花、田旋花、蝙蝠葛等。

2）花架、绿廊、拱门、凉亭的绿化：宜选用花大、色美、花期长的攀援植物。常用植物有山葡萄、三角梅、北五味子、冬红花、紫霞藤、乌头叶蛇葡萄、大血藤、紫藤、花蓼、香花崖豆藤、毛茉莉、多花素馨、木通、云南羊蹄甲、南蛇藤、中华猕猴桃等。如图 2-109 所示为利用三角梅对门口处的绿化。

图 2-108　私家花园的盆栽种植

图 2-109　入口处的垂直绿化

3）栅栏、篱笆、矮花墙等低矮且具有通透性的分隔物的绿化：常用植物有马兜铃、党参、东京藤、月光花、大花牵牛、七叶莲、三叶木通、何首乌、铁线莲、木香、金樱子、多花蔷薇、藤本月季、白花悬钩子等。

4）私家花园中的小型荫棚、凉棚的绿化：宜选用有一定经济价值的攀援植物。如葡萄、西葫芦、黄独、栝楼、蛇瓜、绞股蓝、扁豆、豇豆、观赏南瓜等。

5）室内墙壁、隔断、窗台的绿化：宜选用小巧、轻盈的草本攀援植物或叶、花美丽的藤本植物。如蔓长春花、蔓性紫鹅绒、羽叶茑萝、圆叶茑萝、九重葛、蓝雪花、旱金莲等。

3. 感官是影响私家花园植物配置的首要因素

中国园林不但是一种视觉艺术，而且还涉及听觉、嗅觉等其他感官。有一些植物是通过色彩变化来传递信息，如拙政园的枇杷园主要就是通过色彩来影响人的感受，色彩的变化在园林中化为诗的意境而深深地感染着观赏者。此外，春夏秋冬等时令变化，雨雪阴晴等气候变化都会改变空间意境而影响人的感受，这些因素又往往都是作为媒介而间接发挥作用。

4. 种植形式是私家花园植物配置的关键因素

在私家花园中，植物可以孤植也可以丛植。从视觉的观点看孤植的植物更加引人注目。孤植的植物可以成为建筑的点缀，树形优美又配置得宜能起烘托陪衬建筑物的作用。适于孤植的树种或名贵，或挺拔，或苍劲，或古拙，或袅娜多姿，或盘根错节，或观花，或观叶，或闻香，具有独特的观赏特点。对于稍大的私家花园来说，孤植难免会使人感到太空荡、单调，因此丛植方能与环境适应。此外，还需适当配置灌木、藤本植物、竹类、花草，使之成为乔木的陪衬。植物配置方式通常有树丛、疏林草地、花架廊、整型树、盆景等形式。

北方园林由于冬季时间长，为保持冬暖夏凉植物配置应以落叶树为主，常绿树种少量点缀；南方气候较暖，则多配置常绿树种，落叶树种少量点缀。

5. 植物配置是私家花园空间形成的重要手段

在某些情况下，茂密的林木甚至在限定空间中担任主要角色，园林中的植物可以起丰富空间层次和加大景深的作用。如当建筑物比较稀疏、分散，不能有效地形成界面时，依靠密植的林木则能补偿建筑的不足，而在限定空间中起主导作用；如当建筑或山石围合而成的空间过大，而建筑或山石的高度又有限，则可能因为界面的高度不够而使人感到空间的整体感不强，那么密植乔木将可以在下半部较密实的界面之上再形成一段稀疏的界面，从而有效地增强了空间整体感。

【课后训练】完成实训项目六

实训项目六　庭院植物景观设计

一、实训目的

1）掌握庭院植物景观设计的原则。
2）理解庭院绿化不同植物之间的配置方法。

二、实训工具材料

测量仪器、手工绘图工具、绘图纸、绘图软件（AutoCAD）、计算机等。

三、实训内容

如图 2-110 所示为西南地区某温泉别墅户型平面图，业主为四十多岁的成功人士，请注意结合业主

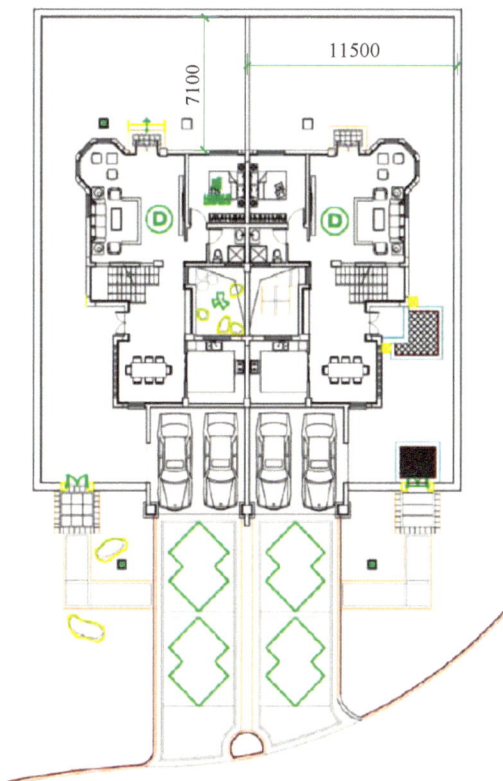

图 2-110　西南地区某温泉别墅户型平面图

的修养、素质、文化等多方面因素考虑，力求通过景观设计营造出业主喜爱的私家住宅小庭院景观。

小庭院一般是由植物、铺装、小品等构成。植物在小庭院中具有重要的意义，是小庭院空间中一种非常活跃、极具表现力的要素，能带来美感，提升环境质量，丰富空间变化。在该实训中，需重点考虑：

1）庭院环境的特殊性、尺度与空间的特殊性对其植物景观设计的要求。

2）庭院围合关系类型及其植物景观特点。

3）庭院游憩方式类型及其植物景观特点。

4）庭院植物的空间构成，利用植物界定空间、引导空间、形成边界等。

5）庭院小气候、土壤等生态环境。

6）庭院植物与设施小品、道路、水景等的相互配置。

7）庭院植物的色彩、形态、质感。

8）庭院植物的种植形式。

四、实训成果要求

1）植物品种的选择应适宜该庭院植物景观设计对景观的功能需求，功能配置合理。

2）正确采用植物景观构图基本方法，灵活运用自然式、行列式、群植、孤植的种植方法。

3）植物景观设计风格与建筑风格相统一。

4）图纸绘制规范，完成庭院植物种植设计平面图。

五、考核内容和考核方法

序号	评分项目	评分标准	分值	得分
1	功能要求	能结合环境特点，满足设计要求，功能布局合理，符合设计规范	20	
2	景观设计	能因地制宜合理地进行景观设计，景观序列合理展开，景观丰富，功能齐全，立意构思新颖巧妙	25	
3	植物配置	植物选择正确，种类丰富，配置合理，植物景观主题突出，季相分明	20	
4	方案可实施性	在保证功能的前提下，方案新颖，可实施性强	20	
5	设计表现	图面设计美观大方，能够准确地表达设计构思，符合制图规范	15	

任务2.5 附属绿地植物景观设计

2.5.1 校园绿地植物景观设计

1. 大专院校园林绿地设计

（1）大专院校的特点

1）对城市发展的推动作用。一方面大专院校是促进城市技术经济、科学文化繁荣与发展的园地，是带动城市高科技发展的动力，也是科教兴国的主阵地；另一方面大专院校还促进了城市文化生活的繁荣。

2）面积与规模。校园有明显的功能分区，各功能区以道路分隔和联系，不同道路选择不同树种形成了鲜明的功能区标志和道路绿化网络，也成为校园绿地的主体和骨架。

3）教学工作特点。大专院校是以课时为基本单位组织教学工作的，师生们一天要穿梭于教室和实验室之间，是一个从事繁重脑力劳动的群体。

4）学生特点。学生正处于青年时代，年龄一般都在二十岁上下，是人生观、世界观树立和形成的时期，各方面逐步走向成熟。他们精力充沛是社会中最活跃的一个群体，对外界充满了热情与活力。就全体社会而言，大学生又是一个文化素质较高的群体。正因如此，大学生也承载了更多的社会责任与家庭责任，社会和家庭都对大学生寄予了很高的期望。

（2）大专院校园林绿地的组成　大专院校园林绿地由七个部分组成，即教学科研区绿地、学生生活区绿地、体育活动区绿地、后勤服务区绿地、教工生活区绿地、校园道路绿地、休息游览区绿地。

（3）大专院校园林绿地设计的原则

1）以人为本，创造良好的校园人文环境。马克思说："人创造环境，同样环境也创造人。"正所谓校园环境中"一草一木都参与教育"，其规划设计应树立人文空间的规划思想，处处体现以人为主体的规划形态，使校园环境和景观体现对人的关怀。

2）以自然为本，创造良好的校园生态环境。在建设中树立不再破坏生态环境的意识，坚决反对"先破坏，后治理"的错误观点。校园园林绿化应以植物绿化美化为主，园林建筑小品辅之。在植物的选择配置上要充分体现生物的多样性原则，以乔木为主，并与灌木、草本植物相结合，使常绿与落叶树种，速生与慢生树种，观叶、观花与观果树木，地被与草坪草地保持适当的比例。要注意选择乡土树种，突出特色。

3）把美写入校园，创造符合大专院校高文化内涵的校园艺术环境。

4）大专院校局部绿地设计。

① 校前区绿化。校前区主要是指学校大门、出入口与办公楼、教学主楼之间的空间，有时也称为校园的前庭，是大量行人、车辆的出入口，具有交通集散功能，同时起着展示学校标志、校容校貌及形象的作用，一般有一定面积的广场和较大面积的绿化区，是校园重点绿化美化地段之一。校前区的绿化要与大门的建筑形式相协调，以装饰观赏为主，衬托大门及立体建筑，突出庄重典雅、朴素大方、简洁明快、安静优美的高等学府校园环境。校前区的绿化（图 2-111）主要分为两部分：门前空间（主要指城市道路到学校大门之间的部分）；门内空间（主要指大门到主体建筑之间的空间）。

门前空间一般使用常绿花灌木形成活泼而开朗的门景，两侧花墙用藤本植物进行配置。在四周围墙处选用常绿乔灌木呈自然式带状布置，或以速生树种形成校园外围林带。另外，门前的绿化既要与街景有一致性，又要体现学校特色。

门内空间的绿化设计一般以规则式绿地为主，以校门、办公楼或教学楼为轴线，在轴线上布置广场、花坛、水池、喷泉、雕塑和主干道。轴线两侧对称布置装饰或休息性绿地。在开阔的草地上种植树丛，点缀花灌木，营造自然活泼的环境；或种植草坪及整形修剪的绿篱、花灌木，呈现富有图案装饰的效果。在主干道两侧种植高大挺拔的行道树，外侧适当种植绿篱、花灌木，形成开阔的绿荫大道。

② 教学科研区绿化。教学科研区是大中专院校的主体，主要包括教学楼、实验楼、图书馆，以及行政办公楼等建筑，该区也常常与学校大门主出入口综合布置，体现学校的面貌和特色。教学科研区周围要保持安静的学习与研究环境，其绿地一般沿建筑周围、道路两侧呈条带状或团块状分布（图 2-112）。

图 2-111　校前区绿化

图 2-112　教学科研区绿化

为满足学生休息、集会、交流等活动的需要，教学楼之间的广场空间应注意体现其开放性、综合性的特点，并具有良好的尺度和景观，以乔木为主，花灌木点缀。绿地布局平面上要注意其图案构成和线型设计，要以丰富的植物及色彩形成适合师生在楼上俯视的鸟瞰画面，立面要与建筑主体相协调，并衬托美化建筑，使绿地成为该区空间的休闲主体和景观的重要组成部分。教学楼周围的基础绿带在不影响楼内通风采光的条件下，多种植落叶乔灌木。

大礼堂是集会的场所，正面入口前一般设置集散广场，绿化同校前区，由于其周围绿地空间较小，内容相应简单。礼堂周围可基础栽植，以绿篱和装饰树种为主。礼堂外围可根据道路和场地大小布置草坪、树林或花坛，以便人流集散。

实验楼的绿化基本与教学楼相同，另外，还要注意根据不同实验室的特殊要求，在选择树种时综合考虑防火、防爆及空气洁净程度等因素。

图书馆是图书资料的储藏之处，为师生教学、科学活动服务，也是学校标志性建筑，其周围的布局与绿化基本与大礼堂相同。

③ 生活区绿化。生活区绿化包括学生生活区绿化、教工生活区绿化、后勤服务区绿化，可根据楼间距大小，结合楼前道路进行设计。大专院校为方便师生学习、工作和生活，校园内设置有生活区和各种服务设施，该区是丰富多彩、生动活泼的区域。生活区绿化应以校园绿化基调为前提，根据场地大小兼顾交通、休息、活动、观赏诸功能，因地制宜进行设计。食堂、浴室、商店、银行、邮局前要留有一定的交通集散及活动场地，周围可留基础绿带种植花草树木，活动场地中心或周边可设置花坛或种植庭荫树。

学生生活区绿化可根据楼间距大小，结合楼前道路进行设计。楼间距较小时，在楼梯口之间只进行基础栽植或硬化铺装。场地较大时，可结合行道树形成封闭式的观赏性绿地，或布置成庭院式休闲性绿地，铺装地面，花坛、花架、基础绿带和庭荫树池结合，形成良好的学习和休闲场地。

④ 体育活动区绿化。大专院校体育活动场所是校园的重要组成部分，是培养学生德、智、体、美、劳全面发展的重要设施之一，其主要包括大型体育场或体育馆、操场、游泳池或游泳馆、各类球场及器械运动场等。该区要求与学生生活区有较方便的联系。除足球场草坪外，绿地沿道路两侧和场馆周边呈条带状分布。运动场地四周可设围栏。在适当之处设置坐凳，其坐凳处可植乔木遮阳。室外运动场的绿化不能影响体育活动和比赛，以及观众的通视。体育馆建筑周围应因地制宜地进行基础绿带绿化。

⑤ 校园道路绿化。校园道路绿地分布于校园内的道路系统中，对各功能区起着联系与分隔的双重作用，且具有交通运输功能。校园道路绿地位于道路两侧，除行道树外，道路外侧绿地与相邻的功能区绿地融合。校园道路两侧行道树应以落叶乔木为主，构成道路绿地的主体和骨架，浓荫覆盖有利于师生们的工作、学习和生活，在行道树外侧植草坪或点缀花灌木，形成色彩、层次丰富的道路侧旁景观。

⑥ 休息游览绿地。休息游览区是在校园的重要地段设置的集中绿化区或景区，供学生休息散步、自学和交往，另外，还起着陶冶情操、美化环境、树立学校形象的作用。大专院校一般面积较大，可在校园的重要地段设置花园式或游园式绿地，供师生休闲、观赏、游览和读书。另外，大专院校中的花圃、苗圃、气象观测站等科学实验园地，以及植物园、树木园也可以园林的形式布置成休息游览绿地。该区绿地呈团块状分布，是校园绿化的重点部位。

2. 中小学绿地设计

中小学用地分为建筑用地、体育场地、自然科学实验地等，其绿化主要是指建筑用地周围的绿化、体育场地的绿化和实验用地的绿化。

建筑用地周围的绿化要与建筑相协调，并起装饰和美化的作用，建筑物出入口可作为学校绿化的重点。道路与广场四周的绿化种植以遮荫为主。体育场地周围以种植高大落叶乔木为主。实验用地的绿化可结合功能因地制宜，树木应挂牌标明树种名称，便于学生学习科学知识。

3. 幼儿园绿地设计

幼儿园用地包括室内活动场地和室外活动场地两部分，根据活动要求，室外活动场地又分为公共活动场地、自然科学基地和生活杂物用地，其中重点绿化是公共活动场地。根据活动范围的大小，结合各种游戏器械的布置，在公共活动场地适当设计亭、廊、花架、戏水池、沙坑等；植物选择形态优美、色彩鲜艳、无毒、无刺、无飞毛、无过敏的植物；活动器械附近，须配置遮荫的落叶乔木，并适当点缀花灌木，活动场地铺设耐践踏草坪，活动场地周围成行种植乔灌木。建筑物周围注意通风和采光。

1）公共活动场地的绿化：公共活动场地是儿童游戏活动场地，可适当设置小亭、花架、涉水池、沙坑。在活动器械附近以遮阳的落叶乔木为主，角隅处适当点缀花灌木，场地应开阔通畅，不能影响儿童活动。

2）菜园、果园及小动物饲养地：选择形态优美、色彩鲜艳、适应性强、便于管理的植物，禁用有飞絮、毒、刺及引起过敏的植物，如花椒、黄刺梅、漆树、凤尾兰等。同时，建筑周围要注意通风采光，5m 内不能种植高大乔木。

2.5.2　医院绿地植物景观设计

1. 医疗机构绿地功能

（1）改善医院、疗养院的小气候条件
（2）为病人创造良好的户外环境
（3）对病人心理产生良好的作用
（4）在医疗卫生保健方面具有积极的意义
（5）卫生防护隔离作用

2. 医疗机构绿地植物景观设计特点

医院绿地植物起到卫生防护隔离、阻滞烟尘、减弱噪声的作用，能创造优雅安静的医院环境，医疗机构绿地包括大门区绿地、门诊部绿地、住院部绿地、其他区域绿地。

（1）大门区绿地

大门区绿地应与街景协调一致，大门内须设广场，场地及周边作适当的绿化布置，以美化装饰为主，如布置花坛、雕塑、喷泉等，周围适合种植一定数量的高大乔木以遮荫。

（2）门诊部绿地

1）入口广场的绿地：可设装饰性花坛、花台和草坪，有条件的可设水池、喷泉和主题雕塑等。

2）广场周围的绿地：可栽植整形绿篱、草坪、花开四季的灌木，节日期间也可用一二年生花卉做重点美化装饰，可结合停车场栽植高大遮荫乔木。

3）门诊楼周围绿地：绿地风格应与建筑风格协调一致，美化衬托建筑形象。

（3）住院部绿地

住院部周围小型场地在绿化布局时，一般采用规则式构图，绿地中设置广场，广场内以花坛、水池、喷泉、雕塑等作为中心景观，周边放置座椅、桌凳、亭廊花架等休息设施。一般病房与传染病房要留有 30m 的空间地段，并以植物进行隔离。总之，住院部植物配置要有丰富的色彩和明显的季相变化，使长期住院的病人能感受到自然界季节的交替，调节情绪，提高疗效。

（4）其他区域绿地

其他区域绿地包括手术室、化验室、放射科等周围的绿地，这类科室周围应密植常绿乔灌木进行隔离，不采用有绒毛和飞絮的植物，防止东西晒，保持室内的通风和采光。

3. 不同性质医院的一些特殊要求

（1）儿童医院绿地　其绿地除具有综合性医院的功能外，还要考虑儿童的一些特点，如绿篱高度不超过80cm，植物色彩效果好，不能选择可能会伤害儿童的植物等。

（2）传染病院绿地　其绿地要突出防护隔离作用。

（3）精神病医院绿地　其绿地设计应突出"宁静"的气氛，以冷色调为主，多种植乔木和常绿树，少种花灌木，并选种如白丁香、白牡丹等白色花灌木。在病房区周围面积较大的绿地中可布置休息庭园，让病人在此感受阳光、空气和自然气息。

4. 医疗机构绿地树种的选择

（1）选择杀菌力强的树种　如侧柏、圆柏、铅笔柏、雪松、油松、华山松、白皮松、红松、湿地松、火炬松、马尾松、黄山松、黑松、柳杉、黄栌、盐肤木、冬青、大叶黄杨、核桃、月桂、七叶树、合欢、刺槐、国槐、紫薇、广玉兰、木槿、大叶桉、蓝桉、柠檬桉、茉莉、女贞、石榴、枣树、枇杷、石楠、麻叶绣球、枸橘、银白杨、钻天杨、垂柳、栾树、臭椿及一些蔷薇科的植物。

（2）可选择药用植物　如杜仲、山茱萸、白芍药、金银花、连翘、垂盆草、麦冬、枸杞、丹参、鸡冠花等。

2.5.3　工矿企业绿地植物景观设计

1. 城市工业体系的规划布局

（1）工矿企业的分类及特点

工矿企业可分为一是加工工业，包括冶金工业、机械工业、石油化工业、建材工业、电力工业、轻纺工业等；二是采掘工业。工业企业绿地环境条件的特点：一是环境恶劣；二是用地紧张；三是保证生产安全；四是服务对象主要是工厂职工。

（2）工矿企业在城市中的布局

1）远离城市或居住用地的工矿企业，如冶金、石油、原子能电站、军工企业等。

2）布置在城市边缘的工矿企业，如大型机械、纺织厂等。

3）可设在居住区中的小型工矿企业，如仪表、某些食品厂等。

（3）工业区与居住区的关系

工业区与居住区的关系有四种：一是平行布置，职工上下班方便；二是垂直布置，居住区相对集中，易于安排公共福利设施，但要增加工人上下班的距离；三是混合布置，虽方便职工上下班，但用地不紧凑，工业区与居住区易相互干扰，市政工程不经济，难以组织公共服务设施；四是工业区相对独立于城市居住区布置。

（4）城市工业布局的发展趋势

1）工矿企业规模及设备大型化和多样化。

2）工矿企业总平面图布局紧凑、合理，考虑开展综合开发利用。

3）重视环境保护，严明法规。

4）工业小区、工业区有进一步扩大的趋势。

5）小型、无污染的工厂可分散布局，以减少交通量，便于就业。

6）工矿企业与其他建设相结合。

2. 工矿企业绿化的意义

工矿企业的园林绿化是城市绿化的重要组成部分。工厂园林绿化不仅能美化厂容，吸收有害气体，阻滞尘埃，降低噪声，改善环境，而且使职工有一个清新优美的劳动环境，能振奋精神提高劳动效率。任何一个工厂都不是孤立的，而是城市的重要组成部分，其绿化不仅是美化市容的一环，还是改善全市环境质量的重要措施。工厂要从全局出发，重视绿化建设，抓好园林绿化的总体规划，特别是做好各种防护林带的建设，科学地选好树种，提高园林绿化水平，使工厂花园化。

（1）美化环境，陶冶心情　工厂绿化要衬托主体建筑，绿化与建筑相呼应形成一个整体，并具有美化效果。可种植乔木、灌木、草木、花卉，做到一年四季有季相变化，千姿百态，增加美观，使人感到富有生命力，陶冶心情。工厂绿化反映出工厂的管理水平，工人的精神面貌，可以让工人精神振奋地进入生产第一线，不断提高劳动生产率。工厂绿化不仅让环境变得优美、空气变得新鲜，还能减少灰尘。

（2）改善生态环境条件　一方面是绿化地区空气中的灰尘减少，从而减少了细菌；另一方面是因为植物能分泌出具有强大杀菌能力的挥发性物质，能杀死致病的微生物，从而有效地保护环境卫生条件。在一般城市中工业用地占 20%～30%，工业城市中这个占比还会更多些。工厂中燃烧的煤炭、重油等会排出大量废气；浇铸、粉碎会散出各种粉尘；鼓风机、空气压缩机，各类交通等会带来各种噪声，污染人们的生产和生活环境。而绿色植物对有害气体、粉尘和噪声具有吸附、阻滞、过滤的作用，可以净化环境。

（3）创造一定经济收益　工厂绿化可根据工厂的地形、土质和气候条件，因地制宜结合生产种植一些经济作物，既绿化了环境，又为工厂福利创造一定收益。如山丘、坡地可种桃、李、梅、杏、胡桃等果木；水池可种荷藕；局部花坛、花池可种牡丹、芍药，既可观赏又可药用；结合垂直绿化可种葡萄、猕猴桃等；有条件的工厂可以大片种植紫穗槐、棕榈、剑麻等，它们都是编织的好材料。

3. 工矿企业绿地规划的要求及设计原则

（1）要求
1）满足生产和环境保护的要求。
2）重视绿化树种的选择。
3）处理好绿化布置与管线的关系。
4）厂区应有合适的绿地面积，提高绿地率。
5）应有自己的风格和特点。
6）注意工厂绿化要结合生产。
7）充分利用空地和不可用地进行绿化。
8）布局合理使之成为有机的绿化系统。
（2）设计原则
1）保证安全生产。
2）增加绿地面积，提高绿地率。工厂绿地面积的大小直接影响到绿化的功能和厂区景观。各类工厂为保证文明生产和环境质量，必须达到一定的绿地率：重工业为 20%，化学工业为 20%～25%，轻纺工业为 40%～45%，精密仪器工业为 50%，其他工业为 25%。要想方设法通过多种途径、多种形式增加绿地面积，提高绿地率、绿视率和绿量。
3）工厂绿地应体现各自的特色和风格。
4）合理布局，形成绿地系统。工厂绿化要纳入厂区总体规划中，在工厂建筑、道路、管线等总体布局时，要把绿化结合进去，做到全面规划，合理布局，形成点、线、面相结合的厂区园林绿地系统。点的绿化是指厂前区和游憩性游园，线的绿化是指厂内道路、铁路、河渠及防护林带，面的绿化是指车间、仓库、料场等生产性建筑、场地的周边绿化。同时，也要使厂区绿化与市区街道绿化联系衔接，过渡自然。

4. 工厂局部园林绿地设计（图2-113～图2-115）

图2-113　某工厂绿化图一

图2-114　某工厂绿化图二

图2-115　某工厂绿化图三

（1）厂前区绿地设计　厂前区的绿化要美观、整齐、大方、明快，给人以深刻印象，还要方便车辆通行和人流集散，入口处的布置要富于装饰性和观赏性，强调入口空间。绿地设置应与广场、道路、周围建筑及有关设施（光荣榜、画廊、阅报栏、黑板报、宣传牌等）相协调，一般多采用规则式或混合式。植物配置要和建筑立面、形体、色彩相协调，与城市道路相联系，种植类型多用对植和行列式。因地制宜地设置林荫道、行道树、绿篱、花坛、草坪、喷泉、水池、假山、雕塑等。建筑周围的绿化还要处理好空间艺术效果、通风采光、与各种管线的关系。广场周边、道路两侧的行道树，选用冠大荫浓、耐修剪、生长快的乔木或树姿优美、高大雄伟的常绿乔木，形成外围景观或林荫道。花坛、草坪及建筑周围的基础绿带或用修剪整齐的常绿绿篱围边，点缀色彩鲜艳的花灌木、宿根花卉；或种植草坪，用色叶灌木形成模纹图案。若用地宽余，厂前区绿化还可与小游园的布置相结合，设置山泉水池、建筑小品、园路小径，放置园灯、凳椅，栽植观赏花木和草坪，形成恬静、清洁、舒适、优美的环境。为职工工作之余或下班后提供休息、散步、交往、娱乐的场所，也体现了厂区面貌，成为城市景观的有机组成部分。

（2）生产区绿地设计　生产车间周围的绿化要根据车间生产特点及其对环境的要求进行设计，为车间创造生产所需要的环境条件，防止和减轻车间污染物对周围环境的影响和危害，满足车间生产安全、检修、运输等方面对环境的要求，为工人提供良好的短暂休息用地。

一般情况下，车间周围的绿地设计，首先，要考虑有利于生产和室内通风采光，距车间6～8m内不宜栽植高大乔木；其次，要把车间出、入口两侧绿地作为重点绿化美化地段。各类车间生产性质不同，对环境要求也不同，必须根据车间具体情况因地制宜地进行绿化设计。各类生产车间周围绿化特点及设计要点见表2-4。

表 2-4　各类生产车间周围绿化特点及设计要点

车间类型	绿化特点	设计要点
精密仪器、食品车间、医药供水车间	对空气质量要求较高	以栽植藤本、常绿树木为主，铺设大块草坪，选用无飞絮、种毛、落果及不易掉叶的乔灌木和杀菌能力强的树种
化工、粉尘车间	有利于有害气体、粉尘的扩散和稀释，起隔离、分区、遮荫作用	栽植抗污、吸污、滞尘能力强的树种，以草坪、乔灌木形成一定空间和立体层次的屏障
恒温、高温车间	有利于改善和调节小气候环境	以草坪、地被植物、乔灌木混交形成自然式绿地。以常绿树种为主，点缀花灌木，可配置园林小品
噪声车间	有利于减弱噪声	选择枝叶茂密、分枝低、叶面积大的乔灌木，以常绿落叶树木组成复层混交林带
易燃、易爆车间	有利于防火、防爆	栽植防火树种，以草坪和乔木为主，不栽或少栽花灌木，以利可燃气体稀释、扩散，并留出消防通道和场地
露天作业区	起隔声、分区、遮阳作用	栽植大树冠的乔木混交林
工艺美术车间	创造美好的环境	栽植姿态优美、色彩丰富的树木花草，配置水池、喷泉、假山、雕塑等园林小品，铺设园林小径
暗室作业车间	形成幽静、遮荫的环境	搭荫棚或栽植枝叶茂密的乔木，以常绿乔灌木为主

车间周围的绿化要选择抗性强的树，并注意不要妨碍上下管道。在车间的出入口或车间与车间的小空间，特别是宣传廊前布置一些花坛、花台，种植花色鲜艳、姿态优美的花木。在亭廊旁可种松、柏等常绿树，设立绿廊、绿亭、坐凳等，供工人工间休息使用。一般车间四旁绿化要从光照、遮阳、防风等方面来考虑。

在不影响生产的情况下，可用盆景陈设和立体绿化的方式，将车间内外绿化联成一个整体，创造一个生动的自然坏境。污染较大的化工车间，不宜在其四周密植成片的树林，而应多种植低矮的花卉或草坪，以利于通风，引风进入，稀释有害气体，减少污染危害。

卫生净化要求较高的电子、仪表、印刷、纺织等车间四周的绿化，应选择树冠紧密、叶面粗糙、有黏膜或气孔下陷，不易产生毛絮及花粉飞扬的树木，如榆、臭椿、樟树、枫杨、女贞、冬青、樟、黄杨、夹竹桃等。

（3）仓库、堆物场地绿地设计　仓库区的绿化设计要考虑消防、交通运输和装卸方便等要求，选用防火树种，禁用易燃树种，疏植高大乔木，间距 7~10m，绿化布置宜简洁。在仓库周围要留出 5~7m 宽的消防通道。装有易燃物的贮罐周围应以草坪为主，防护堤内不种植物。露天堆场的绿化在不影响物品堆放、车辆进出、装卸条件下，周边栽植高大、防火、隔尘效果好的落叶阔叶树，外围加以隔离。

（4）厂区内道路、铁路绿化

1）主干道绿化。主干道宽度为 10m 左右时，两边行道树多采用行列式布置，创造林荫道的效果。有的大厂主干道较宽，其中间也可设立分车绿带以保证行车安全。在人流集中、车流频繁的主道两边，可设置 1~2m 宽的绿带，把快慢车与人行道分开，以利安全和防尘。绿带宽度在 2m 以上时，可种常绿花木和铺设草坪。路面较窄的可在一旁栽植行道树，东西向的道路可在南侧种植落叶乔木，以利夏季遮荫。

主要道路两旁的乔木株距根据树种不同而不同，通常为 6~10m，棉纺厂、烟厂、冷藏库的主道旁由于车辆承载的货位较高，行道树定干高度应比较高，第一个分枝不得低于 3m，以便顺利通行大货车。主道的交叉口转弯处，应留出视距三角形的范围，所种树木不应高于 0.7m，以免影响驾驶员的视野。

2）次道、人行小道绿化。厂内次道、人行小道的两旁宜种植四季有花、叶色富于变化的花灌木。道路与建筑物之间的绿化要有利于室内采光和防止噪声及灰尘的污染等，利用道路与建筑物之间的空地布置小游园，创造景观良好的休息绿地。

3）厂区铁路绿化

厂区铁路两旁的绿化主要功能是为了减弱噪声、加固路基、安全防护等，在其旁 6m 以外种植灌木或 5m 以外种植乔木，在弯道内侧应留出 26m 的安全视距。在铁路与其他道路的交叉处，绿化时要特别注意乔木不应遮挡行车视线和交通标志、路灯照明等。

5. 工厂小游园设计

（1）小游园的功能及要求　小游园既美化了厂容厂貌，又给厂内职工提供了开展业余文化、体育、娱乐活动的良好场所，有利于职工工余休息、谈心、观赏、消除疲劳，深受广大职工欢迎。

（2）小游园的内容　小游园包括：以植物绿化美化为主的植物景观；出入口、园路和集散广场；建筑小品三个方面。

（3）小游园的布局形式　小游园的布局形式可分为自然式、规则式、混合式。

（4）小游园在厂区设置的位置　小游园可设置在厂内的自然山地或河边、湖边、海边等，有利因地制宜地开辟小游园，以便职工开展做操、散步、坐歇、谈话、听音乐等各项活动或向附近居民开放。可用花墙、绿篱、绿廊分隔园中空间，并因地势高低变化布置园路，点缀小池、喷泉、山石、花廊、坐凳等丰富园景。有条件的工厂可将小游园的水景与贮水池、冷却池等相结合，水边可种植水生花卉或养鱼。

1）结合厂前区布置，既方便职工游憩，也美化了厂区的面貌和街道侧旁景观。

2）结合厂内水体布置，既可丰富游园的景观，又增加了休息活动的内容，也改善了厂内水体的环境质量，可谓一举多得。

3）在车间附近布置，根据本车间工人爱好，布置成各具特色的小游园，结合厂区道路和车间出入口，创造优美的园林景观，使职工在花园化的工厂中工作和休息。

4）结合公共福利设施、人防工程布置。

6. 工厂防护林带设计

工厂防护林带的主要作用是滤滞粉尘、净化空气、吸收有毒气体、减轻污染、保护改善厂区以至城市环境。工厂防护林带首先要根据污染因素、污染程度和绿化条件，综合考虑，确定林带的条数、宽度和位置。

（1）防护林带的结构　防护林带的结构主要有：①通透结构；②半通透结构；③紧密结构；④复合式结构。

（2）防护林带的位置　防护林带的位置主要分为：①工厂区与生活区之间的防护林带；②工厂区与农田交界处的防护林带；③工厂内分区、分厂、车间、设备场地之间的隔离防护林带；④结合厂内、厂际道路绿化形式的防护林带。

7. 工厂绿化树种的选择

（1）工厂绿化树种选择的原则

1）识地识树，适地适树。

识地识树指对拟绿化的工厂绿地的环境条件有清晰的认识和了解；而适地适树指根据绿化地段的环境条件选择园林植物，使环境适合植物生长，也使植物能适应栽植地环境。

2）选择防污能力强的植物。

3）满足生产工艺的要求。

4）易于繁殖，便于管理。

（2）工厂绿化常用的树种

1）抗二氧化硫气体的树种（钢铁厂、大量燃煤的电厂等）。大叶黄杨、雀舌黄杨、瓜子黄扬、海桐、蚊母、山茶、女贞、小叶女贞、枳橙、棕榈、凤尾兰、蟹橙、夹竹桃、枸骨、枇杷、金橘、构树、无花果、枸杞、青冈栎、白蜡、木麻黄、相思树、榕树、十大功劳、九里香、侧柏、银杏、广玉兰、鹅掌楸、柽柳、梧桐、重阳木、合欢、皂荚、刺槐、国槐、紫穗槐、黄杨等。

2）抗氯气的树种。龙柏、侧柏、大叶黄杨、海桐、蚊母、山茶、女贞、夹竹桃、凤尾兰、棕榈、构树、木槿、紫藤、无花果、樱花、枸骨、臭椿、榕树、九里香、小叶女贞、丝兰、广玉兰、柽柳、合欢、皂荚、国槐、黄杨、白榆、红棉木、沙枣、椿树、苦楝、白腊、杜仲、厚皮香、桑树、柳树、枸杞等。

3）抗氟化氢气体的树种（铝电解厂、磷肥厂、炼钢厂、砖瓦厂等）。大叶黄杨、海桐、蚊母、山茶、凤尾兰、瓜子黄杨、龙柏、构树、朴树、石榴、桑树、香椿、丝棉木、青冈栎、侧柏、皂荚、国槐、柽柳、黄杨、木麻黄、白榆、沙枣、夹竹桃、棕榈、红茴香、细叶香桂、杜仲、红花油茶、厚皮香等。

4）抗乙烯的树种。夹竹桃、棕榈、悬铃木、凤尾兰等。

5）抗氨气的树种。女贞、樟树、丝棉木、腊梅、柳杉、银杏、紫荆、杉木、石楠、石榴、朴树、无花果、皂荚、木槿、紫薇、玉兰、广玉兰等。

6）抗臭氧的树种。枇杷、悬铃木、枫杨、刺槐、银杏、柳杉、扁柏、黑松、樟树、青冈栎、女贞、夹竹桃、海州常山、冬青、连翘、八仙花、鹅掌楸等。

7）抗烟尘的树种。香榧、粗榧、樟树、黄杨、女贞、青冈栎、楠木、冬青、珊瑚树、广玉兰、石楠、枸骨、桂花、大叶黄杨、夹竹桃、栀子花、国槐、厚皮香、银杏、刺楸、榆树、朴树、木槿、重阳木、刺槐、苦楝、臭椿、构树、三角枫、桑树、紫薇、悬铃木、泡桐、五角枫、乌桕、皂荚、榉树、青桐、麻栎、樱花、腊梅、黄金树、大绣球等。

8）滞尘能力强的树种。臭椿、国槐、栎树、皂荚、刺槐、白榆、杨树、柳树、悬铃木、樟树、榕树、凤凰木、海桐、黄杨、女贞、冬青、广玉兰、珊瑚树、石楠、夹竹桃、厚皮香、枸骨、榉树、朴树、银杏等。

9）防火树种。苏铁、山茶、油茶、海桐、冬青、蚊母、八角金盘、女贞、杨梅、厚皮香、交让木、白椋、珊瑚树、枸骨、罗汉松、银杏、槲栎、栓皮栎、榉树等。

【课后训练】完成实训项目七

实训项目七　附属绿地植物景观设计

一、实训目的

1）掌握各类单位附属绿地植物的布置原则。
2）掌握各类单位附属绿地植物的配置方法及技巧。

二、实训场所与工具材料

实训场所：校内外某处指定校园或工厂。
实训工具：A4 图纸、铅笔、针管笔、橡皮擦、圆规、直尺、三角板、彩笔等。

三、实训内容与方法步骤

1. 现场踏查，了解情况

教师模拟建设项目的业主（甲方）邀请一家或几家设计单位（学生小组，乙方）进行方案设计。乙方在与业主初步接触时，要了解整个项目的概况，包括建设规模、投资情况、可持续发展等，特别要了解项目的总体框架和基本实施内容。到设计现场实地踏查，熟悉设计环境，了解建设单位绿地的性质、功能、规模及其对规划设计的要求等情况，作为绿化设计的指导和依据。

2. 基地现场踏勘，收集设计前必须掌握的原始资料

收集建设单位总体布局平面图、管道图等基础图纸资料。若建设单位没有图纸资料，可实地测量，

室内绘制。除此之外，还要掌握以下资料。

1）所处地区的气候条件：气温、光照、季风风向、水文、地质土壤（酸碱性、地下水位）、冰冻线等。

2）周围环境：主要道路，车流人流方向。

3）基地内环境：湖泊、河流、水渠分布状况，各处地形标高、走向等。

3. 描绘、放大基础图纸

若建设单位提供的基础图纸比例太小，可按 1:200~1:300 的比例放大、分幅，或将实测的草图按此比例绘制作为绿化设计的底图。

4. 总体规划设计，绘出设计草图，修改定稿

1）基地现场收集资料后，必须立即进行整理、归纳，着手进行总体规划构思。构思草图只是初步的轮廓设计，接着要结合收集到的原始资料对草图进行补充、修改，逐步明确总图中入口、广场、道路、湖面、绿地、建筑小品、管理用房等各元素的具体位置，使整个规划在功能上趋于合理，在构图形式上符合园林景观设计的基本原则，即经济、美观、舒适（视觉上）。

2）方案的第二次修改和文本的制作。经过初次修改的规划构思还不是一个完全成熟的方案。设计人员此时应该集思广益，多渠道、多层次地听取各方面的建议。整个方案确定后，将设计方案的说明、投资概算汇编成文字部分；将设计平面图、绿化种植图、竖向设计图、全景透视图、局部景点透视图等汇编成图纸部分。将两部分结合起来，形成一套相对完整的设计方案文本。

5. 按制图规范完成墨线图、晒兰或复印，做苗木统计和预算方案

作为设计成果评定成绩，或交建设单位施工。

四、实训成果要求

每位实训学生必须编写实训报告，其格式和内容如下：①封面包括实验名称、时间、班级、编写人和指导教师姓名；②目录；③将所有图纸及文字资料装订成册。

五、考核内容和考核方法

序号	评分项目	评分标准	分值	得分
1	功能要求	能结合环境特点，满足设计要求，功能布局合理，符合设计规范	20	
2	景观设计	能因地制宜合理地进行景观规划设计，景观序列合理展开，景观丰富，功能齐全，立意构思新颖巧妙	25	
3	植物配置	植物选择正确，种类丰富，配植合理，植物景观主题突出，季相分明	20	
4	方案可实施性	在保证功能的前提下，方案新颖，可实施性强	20	
5	设计表现	图面设计美观大方，能够准确地表达设计构思，符合制图规范	15	

任务 2.6 居住区植物景观设计

2.6.1 居住区绿地的特点和功能

居住区绿地是居住区环境的主要组成部分，包括居住区内的住宅建筑、公共服务设施、道路系统以

外的用于种植植物、布置景观构筑物及景观小品，为居住区住户提供休憩、运动场所的区域。一般居住区绿地占整个居住用地的 25%～30%，以植物为主，它不仅是形成居住区内部生活用地的重要部分，也是构成城市绿地系统的主要组成部分。

1. 居住区绿地的特点

1）绿地分块性突出，整体性不强。
2）分块绿地面积小，设计的创造性难度比较大。
3）在建筑的背面会产生大量的阴影区，影响植物的生长。
4）安全防护要求高。
5）绿地兼容的功能多。
6）绿地中的管线多，不仅包含绿地建设自身的管线，还有大量的建筑外管网及公共设施，设计容易受制约。
7）绿地和建筑关联性强。

2. 居住区绿地的功能

（1）环境净化功能　居住区绿地具有净化空气、减少尘埃、吸收噪声等功能，能有效改善居住区内局部环境小气候。植物群落能调节气温、降低风速，促进由辐射温差产生的气流运动，形成微风环境。

（2）美化功能　居住区绿地是影响建筑通风、采光、隔离、赏景的基础条件，居住区绿地中的植物景观作为居住区景观的主要构成要素，美化了居住区的生活环境，使居住区中的建筑与自然环境融洽统一。

（3）活动功能　居住区绿地营造了良好的生活环境，吸引了居民在就近的绿地上休息游憩，进行人际交往，满足居民在日常生活中对户外生活的需求，有利于居住区居民的身心健康。

（4）避难功能　居住区绿地是相对独立的以植物种植为主的区域，这一特殊性质有利于在发生火灾、地震等灾害时，隐蔽躲藏和疏散人群。

居住区绿地对整个城市的生态环境、景观风貌，以及居住区范围内的人文氛围、身心健康都有着重要作用。当今社会，人们越来越重视生活环境的质量，尤其重视对生态环境起到重大影响的绿化环境。如果对居住区绿地植物景观设计缺乏专业知识，那么在设计和施工过程中存在的一些问题将很难解决。例如，为取得更好的经济效益，在昂贵地段修建的高层建筑居住小区，其空间格局和绿地布局与传统的多层建筑居住区有很大的差异。高层建筑楼间距虽然相对多层建筑楼间距加大了，但由于入户数量大，使高层建筑居住区人均绿地面积大大降低了。再加上当前居住区的停车位需求旺盛，停车位占地面积与绿地面积需求产生了巨大矛盾。在这种情况下，公共绿地所负担的功能压力大大增加了。为了满足小区居民日常生活的需求，对绿化设计的要求更高。怎样在设计上改善居住区绿地被不断侵占的情况，将是居住区绿地规划设计的难题。

2.6.2　居住区植物景观设计的原则

居住区绿地的植物景观是指在居住区内种植花草树木，创造出美化小区环境、改善小区内局部小气候的软质景观。这类植物景观除了美化环境和改善生态效应外，还能起到清洁小区内空气的作用，如滞尘、减噪、吸收有害气体等，并且植物的根系能有效防止水土流失。居住区植物景观为居民提供了良好的户外活动空间、优美的绿化环境，吸引居民进行户外活动，使不同年龄层次的人各得其所，能在就近的绿地中游憩、活动、观赏及进行社会交往，从而有利于人们的身心健康，增进居民间的互相了解、和谐相处。居住区植物景观在整个居住区中有重要作用，设计时应依据项目用地的实际条件进行分析，需要考虑的因素有以下几点：

1. 自然生态因素

在居住区的环境中，植物景观种植形式的规划设计除了注重植物景观的观赏性和满足居住区绿地的使用功能外，还应该重视自然生态环境的构成。自然生态环境是一个综合性的概念，它的形成要通过合理规划地形、水体及植物种植来实现。在硬质的广场中种植遮荫的树种、道路两旁种植遮荫的行道树、在疏林草坪中设置大水面景观，这些方式都能够实现自然环境的生态功能。

在居住区的环境中，无论大到规划还是小到植物景观的设计，项目用地的自然因素是首先考虑的条件。小区自然地形的起伏变化能增加植物景观的空间层次，又能使建筑环境与植物景观更为和谐，在形成具有个性的居住区绿地植物景观的同时，还可提高自然环境的生态功能。

2. 现场环境

居住区植物景观设计首先要充分考虑自然用地条件，然后根据用地范围内的气候特征、土质特点考虑植物品种材料的使用，此外还应该考虑现场的人工环境。居住区的建筑环境很复杂，建筑体与道路系统将居住区的绿地分成块状，植物的种植范围明显受到块状区域划分的影响，植物的种植位置也会受到建筑体门窗的影响。

除了建筑环境复杂外，居住区的基建设施也很复杂，地下有很多管线，如煤气管、电缆、通信线路、给水排水管等，周围有垃圾箱、化粪池、配电箱等构筑体。这些基建设施都会对植物景观的布局产生影响。这些人工环境会限制植物的生长，会影响光照的时长，造成种植区局部气候的不同，限制植物根系在土壤中的生长范围。

3. 立地条件

居住区植物景观设计的立地条件是指：在被建筑体分割的绿地中，分析绿地与建筑体的距离关系和朝向关系，以及土质性状、地形条件、降水量、气温变化幅度等情况对绿地环境的影响。以上所列举的要素都是影响植物生长发育的直接因素。植物品种的选择还要考虑气候的因素，首先考虑与当地气候条件相适合的乡土品种，在植物品种适应立地条件的大原则下，也可以根据特有的植物景观效果，改善立地条件去满足植物的生长，提高植物景观的观赏价值。

对于项目地立地条件的掌握可以有多种方式。首先是取得项目地的地形图样、历年来水文和地质的资料；其次是在取得资料后，进行现场自然环境和人工环境的勘探。在现场环境的勘察中，以当地现有的植被资源为主，实地了解植物品种与数量，以及群落间的组合关系。

4. 周围环境

在居住区植物景观设计中，项目周围的环境也是影响设计的一个重要因素。遇到有利因素时，可以采用开放设计的方式，引入好的周边环境；遇到不利因素时，应当合理避开或隔离不利环境，保持景观的良好性。

周围环境有利的因素有以下几类：紧邻项目地有城市绿地，如街头绿地、公园等；在项目地附近有河流、风景区、山林等。居住区的景观应该积极吸收和利用周围环境的有利因素，在植物的种植形式上将这些景观"借"进来，使内部植物景观与外部植物景观产生联系。这种设计手法能使居住区内有限的种植空间得到无限的延伸，是一种高效的植物景观设计手法。

周围环境的不利因素有：城市道路、高架桥、工业厂房、交通枢纽车站等。这些构筑体往往具有一定污染源，如噪声污染、空气污染等。在植物景观设计中，遇到这些污染源往往会用植物元素形成隔离带，减轻污染源对居住区的影响。要实现隔离和避开污染源的目的，必须根据植物特有的生物性状来合理选择品种和种植形式。

2.6.3　居住区绿地的构成

居住区绿地的主要分类有：公共绿地、宅旁绿地、道路绿地和专用绿地等。这些不同的绿地形式是居民在室外活动的载体，是居民日常生活必不可少的区域。不同性质的绿地植物景观设计也不同，下面介绍常见的几种绿地形式的绿化要求。

1. 公共绿地

（1）组团绿地　组团绿地是居住区中最接近居民住宅的绿地，主要是为覆盖范围为 100m 左右的住户服务。由于步行距离最短，组团绿地的使用者多为儿童和老年人。在这个休憩场地中可多设置景观座椅、简单的游戏设施，以及有利于儿童和老年人的植物景观。

组团绿地属于半公共性质的绿地，植物景观设计首先要选用枝叶茂密的植物，以绿篱的形式满足这个区域的半私密性；其次要提高组团绿地中绿地的使用率，在保留活动空间的同时，多层次地进行植物造景。在建筑周围种植乔木时，根据建筑朝向与房间性质选择适合的植物种植形式，以免植物距离建筑太近，造成枝叶伸入室内，或是遮蔽阳光，造成室内光照不足。

根据建筑布局与形式的不同，所形成的组团绿地形式也不同，而居住区组团绿地的植物景观布局受到绿地形式的限制。因此，只有充分分析建筑布局与绿地平面形态间的关系，才能得到合理的植物景观布局。常见的建筑布局与组团绿地的关系有以下几种。

1）庭院绿地。这种组团绿地是由于建筑布局类似于合院式，绿地在中间部分，建筑围合在绿地外围。这种绿地形式有很强的独立性，内部环境不易受到外部环境的影响。这类组团绿地的植物景观要充分考虑建筑体的朝向，根据种植地的光照长度选择相适应的植物品种。图 2-116 为某高层居住区中庭车行道至游步道入口节点景观，步道入口两侧转角色块配置金边黄杨、红花继木、黄素馨、无刺枸骨球等收住入口，进入中庭绿地有疏朗的草坪活动空间，形成中庭绿化有收有放、有疏有密的景观空间效果。图 2-117 为某中庭绿地草坪空间，小区景观规划设计依据绿地空间安排和布置植物疏密，外围有乔木背景林带形成大草坪空间，林带边缘可种植灌木色块或花境。

図 2-116　某中庭入口节点景观

图 2-117　某中庭绿地草坪空间

2）带状绿地。这种组团绿地是由于建筑列队排列，受建筑的左右或上下两侧限制，在中部呈现出狭长的带状组团绿地。这种组团绿地的景观布局一般依据长轴打造景观线路，在带状绿地上设置条状景观构筑，如花架、廊架等。植物景观可以根据带状绿地的道路布局与景观构筑的布置位置进行设计，在植物景观的打造上要考虑带状空间的通透性，控制植物的密度，形成开敞的绿地景观。图 2-118 所示为某小区宅间带状绿地，按法式排屋区的设计风格对称布置瓜子黄杨绿篱、丰花月季色块，后排以大叶黄杨修剪形成高绿篱作为背景，形成风格鲜明、富有层次的排屋区宅间景观步道绿带效果。

3）独立绿地。这是由于建筑布局的限制，在居住区的角隅部分常常剩余的一些绿地。这类绿地一般都是在较为偏远的位置，植物景观的设计主要是打造点状绿化，布置形式灵活，以突出绿地中的标识性景物为主。

4）临街绿地。这种绿地处于居住区面临道路的一侧，既要满足居民活动休憩的功能，又要满足行人的交通功能，还要满足丰富外界街区的城市景观功能。当临街绿地一侧为商业空间时，植物景观普遍采用花坛种植的形式，以开阔、有序的植物景观效果为商业服务；当临街绿地位于居住小区围墙一侧时，植物景观应以减少外界交通对小区内部环境的影响为主，使植物形成屏障，既有隔离功能，又能美化外界道路景观。

5）亲水绿地。由于人都有亲水性，亲水绿地是居住区绿地中最具有活力和灵气的区域。图 2-119

所示为某居住小区中庭景观水系，水池周边配置亲水绿地地被，色块采用了鸢尾、毛杜鹃、红花继木、金森女贞毛球和黄素馨等品种，与景观水池压顶、景石有机结合，形成形态自然，叶色、叶形、花色和层次丰富的亲水绿地效果。

图 2-118 某小区宅间带状绿地

图 2-119 某居住小区亲水绿地

（2）游园绿地 游园绿地是居住区公共绿地的关键部分，它为小区居民设置了游玩、活动、休憩的主要场所。当居住区人口达到 10000 人时，游园绿地的面积约为 10000m²，一般设置在距离居民住所 3～5min 的步行距离内，覆盖范围在 300～500m。这部分的植物景观应该依据整个居住小区的植物风格来设计，保持游园绿地与小区绿地的紧密关联性。

游园绿地中的设置内容丰富，常有广场、种植区、地形景观、道路灯等。在游园绿地上的景观布局要注意以下两点：

1）游园绿地用地面积较小，但使用效率较高，应以植物景观为主，形成居住区内优美的生态环境。

2）在绿地中可适当增加林荫式活动场所，布置景观小品，增加居住区景观的趣味。由于游园面积较小，景观构筑与小品的尺度要与之相协调，一般要造型轻巧、材质精细。

（3）居住区公园 居住区公园是居住区绿地中面积最大的地块，公园的服务对象是覆盖范围在 1000m 以内的居民，一般设置在距离居民住所 10min 左右的步行距离处。公园内设置设施全面的游乐活动场所、容量较大的休憩场所、种类丰富的景观构筑与管理用房，以及层次空间丰富的植物景观。公园景观以植物景观为主，搭配园林水景、坡地丘陵等地形地貌的营造，形成布局紧凑、功能齐全、观景路线变化强烈的居住区公园。在景观布局上可在夜间活动场所周围布置夜香植物，丰富社区室外活动的景观感受。

与城市公园相比，居住区公园占地面积较小，以满足居民日常休闲活动为主。居民的日常生活需求主要有以下两个方面。

1）功能性需求：包括居民的休息功能、娱乐功能、健身功能、儿童嬉戏等。根据功能性需求，在公园内部要形成相对应的区域，如休息区、活动区、健身区等。在休息区中，需要考虑设置休息所用的场地，这些场地可以是树荫下的广场、休闲座椅、特色景观廊架，或是景观亭、棋牌茶室等建筑体，也可以是以植物景观为主的草坪景观、树林景观。

2）赏景的需求：以打造风景优美的居住区景色为主，利用植物、景观构筑、水体与地形四大元素，形成良好的绿化景观和生态环境。

2. 宅旁绿地

居住区宅旁绿地是居住区绿化占用面积最大的部分，包括住宅建筑周围的绿地、住宅建筑之间的绿地，以及居住区中底层单元的私家花园，一般占居住区总绿地面积的 50%。宅旁绿地与居民日常生活密切相关，植物景观的种植形式还会影响住宅建筑内外的环境。宅旁绿地的主要功能是为居民提供日照、采光、通风、私密性的室外空间，一般不作为居民休憩、活动、游玩的场所。在绿地中不应布置过多的硬质景观，应当以植物造景为主。当宅旁绿地超过 20m，可简单布置一些安静休息的景观设施，如情景小品、座凳等。

宅旁绿地的植物景观设计应考虑以下几点：

1）宅旁绿地的植物种植受到绿地平面形状与空间尺度的限制，植物的布置与相邻住宅建筑的类型、房间布局、层数及宅前道路布置等密切相关。

2）居住区的住宅建筑通常都有一个统一的风格特点，因而在建筑风格相同的住宅群中存在相同或者相似的宅旁绿地，在绿化种植设计中应体现出标准化和多样性，在这些宅旁绿地中，植物景观的设计既要风格协调、形式统一，又要各有特点。

3）绿化种植设计要考虑空间尺度，以免由于乔木种植过多，或者选择植物形态过于高大，使宅间绿地的空间过于拥挤、狭小。植物的数量、体量、布局要与绿地的尺度、宅间距离、建筑层数相一致，不能影响住宅建筑的通风采光，建筑的南面的窗户、阳台外禁止栽植枝叶茂盛的高大常绿乔木。

4）宅旁绿地周围的地下构筑物与管线布置复杂，植物种植位置必须要考虑地下构筑物与管线的情况，按照有关规范进行安全保护。

5）宅旁绿地受到建筑朝向的影响，因建筑体对光照的遮挡形成了阴影面，所以在阴影面选择树木和地被的品种时应重视植物品种的耐荫习性。

6）宅旁绿地的植物设计还应注意与建筑体细部相结合。建筑体的入口两侧绿地不能种植有尖刺的植物品种，以免刺伤居民，如凤尾兰、丝兰等，一般用对置的灌木球或者色彩丰富、多层次的灌木层来强调入口。墙基部分可以种植树冠低矮的常绿灌木进行修饰，墙角栽植常绿灌木丛，可以改变建筑体的生硬轮廓，中和建筑体与植物景观质地的差异。建筑东西朝向的山墙外应该考虑防止西晒的绿化，第一种方法是选择种植枝叶繁茂的高大乔木，这种方法应用于多层住宅建筑，用枝叶产生的阴影遮荫；第二种方法是用垂直绿化的方式防晒，如使用藤本植物覆盖山墙，可以有效降低建筑体内部的温度，这种方法可应用于高层住宅建筑。防止西晒的绿化形式可以根据建筑结构多样化设计。

3. 道路绿地

居住区的道路一般分为居住区主干道、居住小区干道、组团道路和宅间道路四个等级，这些道路将住宅建筑、公共建筑和小区出入口联系到一起，是居民日常生活的重要通道。作为道路景观的重要组成部分，道路的绿化景观必然是不可或缺的。道路绿化沿着道路延伸到居住区的各个部分，能增加居住区的绿化率，在改善道路局部气候、划分道路与景观的区域、组织交通上起着重要作用，如图 2-120 所示为某小区道路绿地在草坪、草花地被和灌木色块上种植大规格灌木球形成植栽层次和形态。如图 2-121 所示，在绿地林缘草坪上，灌木球常以每个品种三五个为一组种植，不同品种叶色、花色的灌木球疏密配植在草坪空间形成点缀观赏效果。

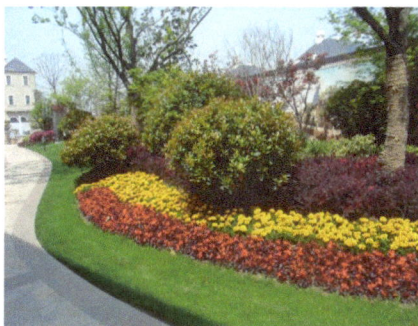

图 2-120　某小区道路绿地上点缀的灌木球　　　　图 2-121　绿地林缘草坪上灌木球的点缀

居住区道路中主干道的路幅最宽，可以沿道路布置行道树种植带、车道分隔带和交通绿岛，居住小区干道通常设置行道树种植带，组团道路与宅间道路由于路幅较窄不用设置专门的植物种植带。大部分的居住区道路的绿化景观都与居住区道路两侧绿地的性质和功能相结合，与周围的绿地性质和功能相结合。因此，居住区道路两侧的绿地应该与在其影响范围内的其他类型的绿地种植形式相一致。

居住区道路的植物景观以人行交通为主，种植的立地条件优于城市道路绿带。在组团道路两侧与靠近住宅建筑一侧的绿地进行植物种植设计时，通常以花灌木与绿篱来划分道路空间，减少交通对住宅建筑与宅间绿地景观的影响。宅间道路行道树的种植形式灵活多变，可以不对称种植或者不种植行道树，以配合道路类型的空间尺度，在满足道路绿地景观功能的同时，体现出居住区内植物景观的丰富多样。

居住区道路周围种植条件较好，因此，在居住区道路绿化树种的选择上没有严格规定，不需要强调树种的生长势、树冠幅度与分枝点等要求。通常选用树形始终的自然树形，如栾树、合欢、白兰等观赏性强的树种，既能满足夏季遮荫的要求，又能满足植物景观上对于树种的季相变化的赏景需求。

道路绿地植物景观灵活变化，如在道路转角与交叉路口周围的绿地中，应当将行道树与其他灌木及花草配置成植物群落景观，另一侧不种植行道树；在住宅建筑东西朝向的位置上丛植乔木，而局部相邻的道路绿地中不种植行道树等。道路绿地的植物景观设置还应注意道路的走向，东西向道路绿地中的行道树，应注意高大乔木对住宅建筑采光、通风的影响；南北向道路绿地中的行道树，在日照时间长的城市一般以常绿树为主。

以下为某些住宅区宅间道路及入口处植物景观示例，图 2-122 所示为某高层住宅区中庭的景观步道节点空间，地面硬质铺装的直角围边采用了毛杜鹃色块配红花继木球，以及在直角部位草坪上种植无刺构骨球来收住铺装硬角，形成具有围合感、美观的中庭景观节点空间。图 2-123 所示为某高层住宅区中庭宅间路，色块灌木为杜鹃、红花继木、金叶女贞、海桐球、含笑球等，道路绿带线形自然流畅，富有色彩和层次。

图 2-122　某高层住宅区景观步道节点　图 2-123　某高层住宅区中庭宅间路

图 2-124 所示为某住宅区宅间道路节点，以杜鹃、红花继木、金边黄杨等灌木色块及上层无刺构骨球、桂花等形成收边围合和植栽层次。图 2-125 中道路和两边色带线形自然弯曲，小灌木色块为夏鹃、金边黄杨、红叶石楠等，后排为八角金盘，上层配植金边胡秃子球、无刺构骨球、红花继木球和茶花等，宅间路绿化色彩、层次丰富，加上道路尽端对景花坛形成自然式园林的小区庭院环境景观。

图 2-124　某住宅区宅间道路节点一　图 2-125　某住宅区宅间道路节点二

图 2-126 所示为某住宅区宅间道路入口景观步道绿带，色块按硬质铺装平面图案线形布置，灌木色块采用春鹃、金森女贞、红花继木球和大规格海桐球。图 2-127 所示为某别墅区组团入口绿化景观，景墙前地采用黄色草花万寿菊，两端种植红花继木球、红叶石楠球和茶花来掩映和收头；景墙背后采用大桂花衬景，形成色彩、层次明快美观，软景与景墙合理配置的组团入口景观效果。

图 2-126　某住宅区宅间道路入口

图 2-127　某别墅区组团入口绿化景观

　　图 2-128 所示为某别墅排屋区主入口花坛绿地，第一层为地被草坪、万寿菊、灌木红叶石楠，第二层为红花檵木球、大叶黄杨球，第三层为大桂花、鸡爪槭等。三层植物配置，形成色彩丰富、层次分明、疏密有秩的主入口花坛绿化效果。图 2-129 所示为某法式别墅区道路车库入口节点绿化，草坪上种植多种植物自然搭配的花境，如小灌木茶梅、红花檵木色块，金边胡秃子球、红叶石楠球等，后侧花台地被阔叶麦冬，在别墅围墙下片植八角金盘、丛植黄素馨，花台两端的门柱前和围墙直角部位分别种植茶花和柱状大叶黄杨，形成叶色、叶形、花色搭配层次丰富、形态自然的道路节点花境植物群落。

图 2-128　某别墅排屋区主入口花坛绿地

图 2-129　某法式别墅区道路车库入口节点绿化

4. 专用绿地

　　居住区内除了住宅建筑外，还设置了各种类型的公共建筑、服务类设施和场地，如学校、幼儿园、商场、会所、居住区出入口等。这些公共性质的建筑、空间与设施的植物景观布局，除了满足与居住区整体环境相协调的要求外，还应当按照功能要求和环境特点进行绿化布置，用植物景观来协调居住区中各种类型建筑与区域之间的空间关系。

　　居住区的幼儿园、会所等公共建筑与设施周围如果有充足的绿地面积可以使用，这些专用绿地的植物景观应以常绿乔木为主，通过绿化划分出居住区中的其他区域，这样可以减小区域之间的干扰。

　　主入口是居住区出入的必经之路，主要功能是便于车辆、行人的出入和集散功能，一般会布置具有标识性的景观小品。在这个要求上，植物景观也应根据这一功能来设计，如设计可以遮荫的行道树。主入口是居住区重要的开放性区域，兼具了对外展示居住区形象的功能，在这一层面上，植物景观的设计应能体现出较高的观赏性，能美化、凸显出主入口的景观，如选用缀花草坪和模纹花坛，在特色铺地边沿设置装饰花钵，或者在植物的种植上采用简洁明快的形式，可采用规则式种植，用整齐的花灌木和庄重的乔木来展示居住区的景观特色。

　　居住区中心景观通常都是与居住区内的公共建筑、服务设施、住宅建筑等相连接，中心景观将这些建筑、设施在空间关系上进行分隔，减小彼此间的干扰。因此，在中心景观区周围的绿地中应以常绿乔木为主，实现有效的分隔功能并形成中心景观的优美背景，增加居住区绿地的生态功能。

【课后训练】完成实训项目八

实训项目八　居住区植物景观设计

一、实训目的

1）掌握居住区植物景观设计的原则。
2）理解居住区植物景观设计的方法。

二、实训工具材料

1）如选择手工绘图，工具材料有比例尺、丁字尺、三角板、模板工具、绘图纸等。
2）如选择计算机制作，需应用绘图软件（AutoCAD）等。

三、实训内容

图 2-130 所示为重庆某城区的居住区平面图，居住区绿地的总面积约为 80 亩（1 亩 = 666.67m²），项目定位为高层住宅小区。建筑风格受到城市规划影响，统一采用现代建筑风格。植物景观根据居住区绿地功能性质进行分析，力求满足居民的日常需求。植物景观根据居住区绿地的规划设计原则和基本方法进行设计。在设计过程中，首先进行绿地性质的分析，根据本居住区的绿地形式，如临街绿地、独立式绿地、林荫道式绿地等不同形式进行布局。植物品种选择与种植方式应符合绿地在居住区中的功能。

四、实训成果要求

该项目建筑风格明确，植物的造型风格应与之相适应。居住区内部功能分区旨在满足居民日常生活使用，不仅居住区内活动区、休闲区、商业区的植物形式有所区别，而且根据景点设置的不同，如湖面景观、跌水景观、会所景观等不同的景观特质，种植形式也不相同。设计之前应根据项目所在地的地理条件与气候特征进行植物品种的选择，做到适地适树原则。

1）植物品种的选择应符合当地自然环境。
2）植物景观种植形式应满足居住区的绿地形式。
3）植物的配置满足绿地使用功能。
4）图纸绘制规范，完成植物种植设计平面图。其中包括乔木种植设计、灌木种植设计、设计说明与植物配置表。

五、考核内容和考核方法

序号	评分项目	评分标准	分值	得分
1	功能要求	能结合环境特点，满足设计要求，功能布局合理，符合设计规范	20	
2	景观设计	能因地制宜合理地进行景观设计，景观序列合理展开，景观丰富，功能齐全，立意构思新颖巧妙	25	
3	植物配置	植物选择正确，种类丰富，配置合理，植物景观主题突出，季相分明	20	
4	方案可实施性	在保证功能的前提下，方案新颖，可实施性强	20	
5	设计表现	图面设计美观大方，能够准确地表达设计构思，符合制图规范	15	

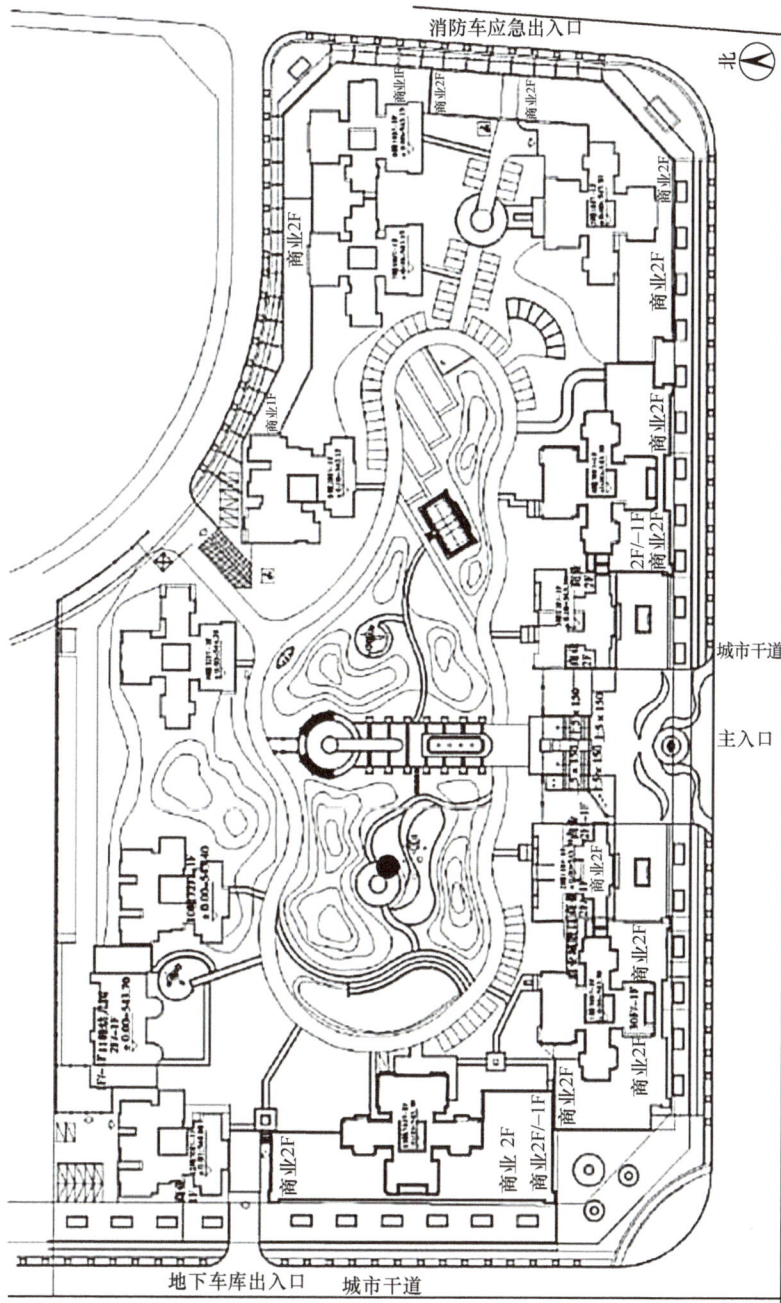

图 2-130　重庆某城区新开发区的居住区平面图

模块 3　室内植物景观设计

常用室内装饰植物

1. 滴水观音（天南星科　海芋属）

滴水观音又名海芋，它没有鲜艳的花朵和果实，但它株形美、花形美、叶形美，深受人们的喜爱（图 3-1）。有这样一句诗"眉敛头低不敢看，但恐腾云去"就描写了滴水观音花朵的形态（图 3-2）。滴水观音株形挺拔，茎干粗壮古朴，并且生长旺盛，有热带雨林风光。叶片肥大、光亮、丰满圆润，给人以舒展大气、生机盎然的感觉，是优良的观叶植物，宜用大盆或木桶栽培，适合布置于厅堂（图 3-3），还适合在室内水培（图 3-4）。滴水观音茎内的白色汁液有毒，误食其汁液会引起咽部和口部的不适，胃里有灼痛感，应当特别注意防止幼儿误食。但是滴水观音并不属于致癌植物，具有很强的空气净化能力，"无垢最除尘，瓶净甘霖贮"这句诗描述的就是滴水观音具有净化空气的能力。

图 3-1　滴水观音的株型　　　　　　　　图 3-2　滴水观音的花朵

图 3-3　滴水观音装饰客厅

图 3-4　滴水观音室内水培盆栽

2. 白掌（天南星科　苞叶芋属）

白掌别名白鹤芋，花萼直立，高出叶丛，佛焰苞直立向上，寓意一帆风顺（图 3-5）。白掌能吸收人体呼出的废气，如氨气和丙酮。同时它也可以过滤空气中的苯、三氯乙烯和甲醛。其适合所有室内空间，且也适合室内水培盆栽（图 3-6）。

图 3-5　白掌盆栽

图 3-6　白掌室内水培盆栽

3. 银皇后（天南星科　广东万年青属）

银皇后别名亮丝草、银后万年青（图 3-7、图 3-8），叶色美丽，特别耐荫，在室内点缀会让人感到明亮舒适，有独特的空气净化能力。其适合通风条件不佳的阴暗房间。

图3-7　银皇后的花和叶

图3-8　银皇后盆栽

4. 龟背竹（天南星科　龟背竹属）

龟背竹为攀援灌木，叶形奇特，叶背有孔，孔裂纹状，极像龟背（图3-9，图3-10）。龟背竹叶片疏朗美观，常年碧绿，造型优雅，茎节粗壮又似罗汉竹，深褐色气生根纵横交错形如电线。其极为耐荫，夜间可吸收二氧化碳，能吸附甲醛、苯等有害气体，能改善室内空气质量，是一种非常理想的室内植物（图3-11，图3-12）。龟背竹的花语是"健康长寿"。

图3-9　龟背竹的花

图3-10　龟背竹的叶

图3-11　龟背竹室内盆栽

图3-12　龟背竹组合造景

5. 绿萝（天南星科　麒麟叶属）

绿萝是大型常绿藤本，其缠绕性强，气根发达，四季常绿，长枝披垂，生命力很强，能吸收空气中的苯、三氯乙烯、甲醛等，非常适合摆放在新装修好的居室中。既可让其攀附于用棕扎成的"树干"上，摆于门厅或宾馆，也可培养成悬垂状置于书房、窗台、墙面或墙垣，还可用于林荫下做地被植物（图3-13～图3-16）。绿萝的花语是"守望幸福"。

图 3-13　绿萝攀附盆栽

图 3-14　绿萝盆栽装饰客厅

图 3-15　绿萝吊盆

图 3-16　绿萝盆栽

6. 非洲茉莉（马钱科　灰莉属）

非洲茉莉叶片油光闪亮、花形优雅，若有若无的淡淡幽香沁人心脾（图 3-17）。其产生的挥发性油类具有显著的杀菌作用。非洲茉莉可使人放松，有利于睡眠，适合卧室摆放。由于株型较大，也常作为大厅盆栽装饰（图 3-18）。

图 3-17　非洲茉莉

图 3-18　非洲茉莉盆栽装饰大厅

7. 鸭掌木（五加科　鹅掌柴属）

鸭掌木别名鹅掌柴，叶型优美，叶片可以从烟雾弥漫的空气中吸收尼古丁和其他有害物质，并通过光合作用将之转换为无害的植物自有的物质。另外，它能吸收空气中的甲醛以净化空气。鸭掌木可以室内水培（图 3-19），还可盆栽布置客厅、书房和卧室（图 3-20），具有浓厚的时代气息。

图 3-19　鸭掌木室内水培盆栽

图 3-20　鸭掌木室内盆栽

8. 吊兰（百合科　吊兰属）

　　吊兰株型优美，四季常青，走茎发达，易于繁殖，能在微弱的光线下进行光合作用，同时能吸收空气中大量的一氧化碳、甲醛和香烟烟雾中的尼古丁，被称为室内空气的"绿色净化器"。因其走茎发达，适合做吊盆，又有"空中花卉"的美称。吊兰的花语是"无奈而又给人希望"（图 3-21 ～图 3-24）。

图 3-21　吊兰高盆盆栽

图 3-22　吊兰高几装饰盆栽

图 3-23　吊兰吊盆

图 3-24　吊兰壁挂

9. 常春藤 （五加科　常春藤属）

常春藤枝叶稠密，四季常绿，身材修长，耐修剪，适于做造型。其被认为是目前吸收甲醛最有效的室内植物，同时常春藤还可以吸收苯这种有毒有害物质。因此，常春藤是室内垂吊栽培、组合栽培、绿雕栽培以及室外绿化应用的重要素材（图 3-25 和图 3-26）。另外，常春藤在室外绿化中已得到广泛应用，尤其在立体绿化中发挥着举足轻重的作用。它不仅可达到绿化、美化的效果，同时也发挥着增氧、降温、减尘、减少噪声等作用，是藤本类绿化植物中用得最多的材料之一。常春藤的花语是"感化"，另外还代表着忠实、婚姻、爱情、友谊、感情，代表着友情或者爱情永远保鲜，永不褪色。

图 3-25　常春藤吊盆

图 3-26　常春藤盆栽

10. 文竹 （百合科 天门冬属）

文竹虽然不是竹，但是它常年翠绿，枝干有节，外形似竹，但与挺拔的竹子相比，它又凸显出姿态的文雅潇洒，所以称为文竹。它叶片纤细秀丽密生如羽毛状，株形优雅独具风韵如翠云层层，故又有云竹之称。文竹含有的植物芳香有抗菌成分，可以清除空气中的细菌和病毒，具有保健功能。很适合放置于客厅、书房，净化空气的同时也增添了书香气息（图 3-27）。同时，文竹挺拔秀丽，姿态潇洒，是良好的切花、花束、花篮的陪衬材料。另外，文竹经过修剪造型与浅盆、山石搭配，做山石盆景别具韵味（图 3-28）。文竹的花语是"永恒"。婚礼用花中，它是婚姻幸福甜蜜，爱情地久天长的象征。

图 3-27　文竹装饰书房

图 3-28　文竹山石盆景

113

11. 棕竹（棕榈科 棕竹属）

棕竹为典型的室内观叶植物，因为耐荫、耐湿、喜散射光，可长期在室内摆放，即使连续3个月在暗处见不到阳光也能正常生长，并能保持其浓绿的叶色。棕竹丛生挺拔，枝叶繁茂，姿态潇洒，叶形秀丽，四季青翠，似竹非竹，美观清雅，富有热带风光。棕竹的功能类似龟背竹，能够吸收多种有害气体净化空气，为目前家庭栽培最广泛的室内观叶植物（图3-29）之一。另外，棕竹盆栽用于装饰古典建筑也别具韵味（图3-30）。

图3-29 棕竹盆栽装饰室内

图3-30 棕竹盆栽装饰古典建筑

12. 富贵竹（龙舌兰科、龙血树属）

富贵竹可以帮助不经常开窗通风的房间改善空气质量，具有消毒功能，尤其是在卧室富贵竹可以有效地吸收废气，使卧室的私密环境得到改善。富贵竹茎叶纤秀，柔美优雅，极富竹韵，故而很得人们喜爱。它使用方便，可以直接采枝瓶插（图3-31），同时，枝条易于造型可编成花篮造型（图3-32），还有从台湾流传而来的"塔形"富贵竹（图3-33）、"扇形"富贵竹（图3-34）。富贵竹又名"开运竹"，观赏价值极高。富贵竹的花语是"花开富贵、竹报平安、大吉大利、富贵一生"，其名字也是因此而来。

图3-31 富贵竹瓶插装饰

图3-32 富贵竹花篮造型

图 3-33　"塔形"富贵竹

图 3-34　"扇形"富贵竹

13. 发财树（木棉科　瓜栗属）

发财树别名马拉巴栗，株形美观，茎干叶片全年青翠，幼苗枝条柔软，耐修剪，可加工成各种艺术造型的桩景和盆景，是十分流行的室内观叶植物（图 3-35）。目前发财树的微型小盆栽也很受欢迎（图 3-36）。发财树能比较有效地吸收一氧化碳，对抵抗烟草燃烧产生的废气有一定作用，很适合室内装饰。

图 3-35　发财树盆栽造型

图 3-36　发财树微型小盆栽

任务 3.2　居室植物装饰设计

3.2.1　室内植物装饰的概念

随着人类科技的不断进步和现代化城市的飞速发展，室内植物装饰设计这门崭新的学科应运而生，它是人们力图在建筑空间中回归自然而进行的一种尝试，其目的是要创造一个建筑、人与自然成为一体、协调发展的生存空间。

何谓室内植物装饰呢?

一种解释为:室内植物装饰是指在建筑物内(如宾馆大堂、餐厅、会议厅、商店和居室等处)种植或摆放观赏植物,构成室内装饰不可分割的部分。人们希望在享受现代物质(如空调、音响和灯光等)的同时与植物为伴,是现代审美情趣崇尚自然、追求返璞归真意境的反映。如今室内绿化已被放到一个重要的位置上。植物可以改变室内环境的呆板和单调,并起到改善小气候和清洁空气的作用。现代室内环境的特点是冬暖夏凉,其湿度适合植物生长,但光照却比较差。针对这些特点,几十年来,荷兰等花卉大国选育出大量荫生观叶植物作为室内绿化的主体植物材料,以观赏它们形状各异的绿叶为主,其中也有一些带有色彩和斑纹的叶片。除装饰外还可以用植物来分隔室内空间,如餐厅、酒吧可借助植物挡住人们的视线创造一个相对独立的空间。植物可以栽植在事先设计和安排好的种植槽中或是在色调和格式统一的容器中。种植槽和容器外面都要采取防水措施,以免水分溢出。在一些公共建筑较宽阔的厅堂内利用室内植物结合水景、山石等创造小型园林或园林局部叫做室内园林。除造景外,室内园林还要与休息、社交、购物等活动在空间上有机结合。为使园林景观逼真,植物大都直接栽入土中,若为施工管理方便采用盆、箱等容器栽培时,要妥当掩饰不露容器。

另一种解释为:室内植物装饰是指按照室内环境的特点,利用以室内观叶植物为主的观赏材料,结合人们的生活需要,对使用的器物和场所进行美化装饰。这种美化装饰是从人们的物质生活与精神生活的需要出发,配合整个室内环境进行设计、装饰和布置,使室内室外融为一体,体现动和静的结合,达到人、室内环境与大自然的和谐统一,它是传统的建筑装饰的重要突破。

总之,概括地说室内植物装饰可定义为:在人为控制的室内空间环境中,科学地、艺术地将自然界的植物、山水等有关素材引入室内,创造出充满自然风情和美感,满足人们生理和心理需要的空间环境。而室内空间环境指用现代化的采光、供暖、通风、空调等人工设备来改善居住条件而创造的环境,是一个既利于植物生长,也利于人们生活和工作的环境。

3.2.2 室内植物装饰的功能

1. 改善室内小环境

人们的生活、工作、学习和休息等都离不开环境,环境的质量对人们的心理和生理起着重要的作用。室内布置装饰除必要的生活用品及装饰品摆设外,不可缺少生命的气息和情趣,使人享受到大自然的美感和舒适。

在当代城市环境污染日益恶化的情况下,植物经过光合作用可以吸收二氧化碳,释放氧气,而人在呼吸过程中,吸入氧气,呼出二氧化碳,从而使大气中氧和二氧化碳达到平衡。同时通过植物的叶子吸热和水分蒸发可相对调节温度,在夏季可以起到遮阳隔热的作用,在冬季据实验证明,有种植阳台的温室相比无种植阳台的温室,不仅可造成富氧空间,便于氧与二氧化碳的良性循环,而且其温室效应更好。通过绿化室内把生活、学习、工作、休息的空间变为"绿色空间"是环境改善最有效的手段之一。

此外,室内观叶植物枝叶有滞留尘埃、吸收生活废气、减轻噪声等作用。同时,现代建筑装饰中的涂料常对人体有害,而一些室内观叶植物具有较强的吸收和吸附这种有害物质的能力,可减轻人为造成的环境污染。可以这样说,现代家庭的建筑装修及物品器具布置只是解决了"硬件"装修和装饰,而室内植物装饰是现代家庭的"软装修",这种"软装修"是普通装修布置的必要补充。

(1) 能吸收有毒化学物质的植物 芦荟、吊兰、虎尾兰、一叶兰、龟背竹是天然的清道夫,可以清除空气中的有害物质。有研究表明,虎尾兰和吊兰可吸收室内80%以上的有害气体,吸收甲醛的能力超强。芦荟也是吸收甲醛的好手,可以吸收 $1m^3$ 空气中所含的90%的甲醛。常青藤、铁树、菊花、金橘、石榴、半支莲、月季花、山茶、石榴、米兰、雏菊、腊梅、万寿菊等能有效地清除二氧化硫、氯、乙醚、乙烯、一氧化碳、过氧化氮等有害物。

（2）能驱蚊虫的植物　目前，能驱蚊的植物成了人们关注的焦点。蚊净香草就是这样一种植物，它是被改变了遗传结构的芳香类天竺葵科植物，近年才从澳大利亚引进。该植物耐旱，半年内就可生长成熟，养护得当可成活 10～15 年，且其枝叶的造型可随意改变，有很高的观赏价值。蚊净香草散发出一种清新淡雅的柠檬香味，在室内有很好的驱蚊效果，对人体却没有毒副作用。温度越高，其散发的香味越多，驱蚊效果越好。据测试，一盆冠幅 30cm 以上的蚊净香草，可将面积为 10m² 以上房间内的蚊虫赶走。另外，一种名为除虫菊的植物含有除虫菊酯，也能有效驱除蚊虫。

（3）能杀病菌的植物　如玫瑰、桂花、紫罗兰、茉莉、柠檬、蔷薇、石竹、铃兰、紫薇等芳香花卉产生的挥发性油类具有显著的杀菌作用。紫薇、茉莉、柠檬等植物 5min 内就可以杀死白喉菌和痢疾菌等原生菌。蔷薇、石竹、铃兰、紫罗兰、玫瑰、桂花等植物散发的香味对结核杆菌、肺炎球菌、葡萄球菌的生长繁殖具有明显的抑制作用。

2. 营造温馨的室内气氛

在现代社会里，人们的物质生活水平不断提高，而在心灵与精神上却日渐缺少宁静与和谐。尤其是在喧嚣的都市，大多数人都挤住在密集式的公寓楼里，远离自然，多见人流车流，少见山林原野，难以感受到绿树、红花、青草与泥土的芬芳气息。在这种情况下，许多人就开始寄情于盆栽花木，自己动手制造居室里的绿化小天地。植物的绿色是生命与和平的象征，具有生命的活力，会带给人们一种柔和的感觉与一种安定感。用植物装饰房间不但可以使人们获得绿色的享受，而且由于价格便宜品种丰富，因而简便易行。因此，利用植物装饰房间是当今室内装饰设计不可缺少的素材，它已成为室内装饰中一项重要的内容。

3. 组织室内空间

室内空间环境包括自用空间环境和共享空间环境两部分。自用空间环境的特点是一般具有一定的私密性，面积小，以休息、学习、交谈为主，植物景观宜素雅、宁静（如卧室、书房、卫生间等）；共享空间环境的特点是以开放、流动、观赏为主，空间较大，植物景观宜活泼、丰富多彩。在室内环境美化中，植物绿化装饰对空间的构造也可发挥一定作用，如根据人们生活活动需要运用成排的植物可将室内空间分为不同区域；攀援上格架的藤本植物可以成为分隔空间的绿色屏风，同时又将不同的空间有机地联系起来。此外，室内房间如有难以利用的角隅（即"死角"），可以选择适宜的室内观叶植物来填充，以弥补房间的空虚感，还能起到装饰作用。运用植物本身的大小、高矮可以调整空间的比例感，充分提高室内有限空间的利用率。

利用室内装饰植物组织室内空间、强化空间，表现在许多方面：

（1）分隔空间的作用　以绿化分隔空间的使用范围是十分广泛的，在两厅室之间、厅室与走道之间，以及在某些大的厅室内需要分隔成小空间的，如办公室、餐厅、旅店大堂、展厅；在某些空间或场地的交界线，如室内外之间、室内地坪高差交界处等都可用绿化进行分隔；某些有空间分隔作用的围栏，如柱廊之间的围栏、临水建筑的防护栏、多层围廊的围栏等，也均可以结合绿化加以分隔，广州花园酒店快餐室就是用绿化分隔空间的例子。对于重要的部位，如正对出入口起到屏风作用的绿化，还需作重点处理，分隔的方式大都采用地面分隔方式，如有条件也可采用悬垂植物由上而下进行空间分隔。

（2）联系引导空间的作用　联系室内外的方法有很多，如通过铺地由室外延伸到室内，或利用墙面、天棚、踏步的延伸也都可以起到联系的作用。但是相比之下，都没有利用绿化更鲜明、更亲切、更自然、更惹人注目和喜爱。许多宾馆常利用绿化的延伸联系室内外空间，起到过渡和渗透作用，通过连续的绿化布置强化室内外空间的联系和统一。绿化在室内的连续布置，从一个空间延伸到另一个空间，特别是在空间的转折、过渡之处，更能发挥其整体效果。绿化布置的连续和延伸，如果有意识地强化其突出、醒目的效果，那么通过视线的吸引，就起到了暗示和引导作用。方法一致，作用各异，在设计时应细心区别，如广州白天鹅宾馆在空间转折处布置绿化，起到空间引导的作用。

（3）突出空间的重点作用　在大门入口处、楼梯进出口处、交通中心或转折处、走道尽端等，既是交通的要害和关节点，也是空间中的起始点、转折点、中心点、终结点等重要视觉中心的位置，是必须引起人们注意的位置，因此，常放置特别醒目的、更富有装饰效果的、甚至名贵的植物或花卉，起到强化空间、重点突出的作用。上海绿苑宾馆总台设在二楼，在其入口处布置绿化加强入口；北京新大都饭店二层楼梯口和温州湖滨饭店大堂酒吧均设置绿化，突出其重点作用和醒目的标志作用。

另外，布置在交通中心或尽端靠墙位置的，也常成为厅室的趣味中心而加以特别装点。这里应说明的是，位于交通路线的一切陈设，包括绿化在内不可妨碍交通并且紧急疏散时不能成为绊脚石，应按空间大小形状选择相应的植物。如放在狭窄的过道边的植物，不宜选择低矮、枝叶向外扩展的植物，否则既妨碍交通又会损伤植物，因此应选择与空间更为协调的修长的植物。

（4）调和室内环境的色彩　根据室内环境状况进行植物装饰布置，不仅仅针对单独的物品和空间的某一部分，而是对整个环境要素进行安排，将个别的、局部的装饰组织起来以取得总体的美化效果。经过艺术处理，室内植物装饰在形象、色彩等方面使被装饰的对象更为妩媚。如室内建筑结构出现的线条刻板、呆滞的形体，经过枝叶花朵的点缀而显得灵动。装饰中的色彩常常左右着人们对环境的印象，倘若室内没有枝叶花卉的自然色彩，即使地面、墙壁和家具的颜色再漂亮仍然缺乏生机。绿叶花枝也可作门窗的景框，使窗外景色更好地映入室内，而室内或窗外环境中的不悦目部分则可利用植物将其屏蔽。所以，室内观叶植物对室内的绿化装饰作用不可低估。

（5）陶冶情操　绿色植物不论其形、色、质、味，或其枝干、花叶、果实，会显示出蓬勃向上、充满生机的力量，引人奋发向上，热爱自然和生活。植物生长的过程，是争取生存及与大自然搏斗的过程，其形态是自然形成的，没有任何掩饰和伪装。不少生长在缺水少土的山岩、墙垣之间的植物，盘根错节，横延纵伸，广布深钻，充分显示其无限生命力，在形式上是一幅抽象的天然图画，在内容上是一首生命赞美之歌。它的美是一种自然美，洁净、纯正、朴实无华，即使被人工剪裁，任人截枝斩干，仍然显示出其自强不息、生命不止的顽强生命力。人们从中可以得到万般启迪，使人更加热爱生命，热爱自然，陶冶情操，净化心灵。一定量的植物配置在室内形成绿化空间，让人们置身于自然环境中，享受自然风光，不论工作、学习、休息，都能心旷神怡、悠然自得。同时，不同的植物种类有不同的枝叶花果和姿色，会给人们带来不同的感受。例如，一丛丛鲜红的桃花，一簇簇硕果累累的金橘，给室内带来喜气洋洋的感觉，增添欢乐的节日气氛；苍松翠柏，给人以坚强、庄重、典雅之感；洁白纯净的兰花，使室内清香四溢、风雅宜人。此外，东西方对不同植物花卉均赋予一定象征和含义。如我国喻荷花为"出淤泥而不染，濯清涟而不妖"，象征高尚情操；喻竹为"未曾出土先有节，纵凌云霄也虚心"，象征高风亮节；称松、竹、梅为"岁寒三友"，梅、兰、竹、菊为"四君子"；喻牡丹为高贵，石榴为多子，萱草为忘忧等。在西方，紫罗兰喻为忠实永恒；百合花喻为纯洁；郁金香喻为名誉；勿忘草喻为勿忘我等。

植物在四季时空变化中形成典型的四时即景：春花，夏荫，秋色，冬姿。一片柔和翠绿的林木，可变换出猩红金黄色彩；一片布满蒲公英的草地，可变成一片白色的海洋。时迁景换，此情此景，无法形容。因此，不少宾馆设立四季厅，利用植物季节变化改变室内不同的情调和气氛，使旅客获得时令感和常新的感觉，也可利用赏花时节举行各种集会，为会议增添新的气氛。

（6）抒发情怀　室内植物装饰是生命的体现，会让人们情不自禁地抒发自己的情感。人类来自大自然，亲近大自然是人的本性。对于久居闹市、渴望田园生活的人，绿色植物使人产生回到自然的、返璞归真的亲近感。现代人需要更多的绿色，更多的自然空气。植物是活的生物体，对于生命来说，人类和植物有许多共性。如美国植物学家乔治·史密斯研究认为同人和动物一样，植物也富有乐感，玉米和大豆"听"了《蓝色狂想曲》后发芽特别好，甜瓜则偏爱舒伯特的《小夜曲》，而甜菜却不敏感；俄罗斯科学院植物研究所用重金属演奏粗犷的摇滚乐时，可使牵牛花叶子很快下垂；而中国的舞草则能闻音乐而舞动。

3.2.3　室内植物景观设计的原则

1. 科学性

选择适合室内装饰的植物，首先要满足生态学的要求，应选耐荫的植物，如绿萝、龟背竹、仙客来、蕨类植物、橡皮树、常春藤、一叶兰、君子兰，或比较耐荫的植物，如南洋杉、变叶木、文竹、吊兰、天门冬、凤梨、富贵竹、袖珍椰子，还应选择根系浅小、易于管理、有利健康植物；其次要满足美学的要求，应选择有观赏价值、观赏期长、株型适合、具有象征意义的植物。

（1）根据室内空间大小进行设计　室内空间大小不同，植物形体也有大小之分。如果将体型小的植物放在大空间的室内就会使人感到空旷、疏落、单调；如用大体型的植物布置小空间的室内就会使人感到拥挤，所以要根据室内空间大小合理配置植物。在小空间里可用小型盆栽或悬吊小型吊篮进行绿化装饰，使小居室具有"室雅何需大，花香不在多"的意境；在较大的室内空间里可以自然布置些体大、叶大、花艳、色浓的植物景观；在大型室内空间可用绿色植物的盆栽或花架分成几个较小的具有不同用处的空间，如用盆栽植物在大空间室内组织一个长形空间，即产生一种向前指引的意境，如创造一个圆形、方形空间即有集中、团结的意境，如创造 L 形空间即产生转向指引意境。从一般室内空间的绿化比例来说，不应超过室内空间 1/10，这样会使室内产生空间扩大感，反之就会给人带来压抑感，所以一般室内绿色植物应集中布置为宜。另外，还可以在室内适当位置或墙面设置一面镜子或开设一定的水面，配置适当的绿色植物，这样不仅可以扩大室内空间，丰富植物景观，而且还能增强光亮度。

由于房间的大小、形状各不相同，因此必须巧用心思，尽量利用居室环境的特点及室内装饰的原则来进行绿化，方能井井有条，达到植物装饰设计的目的。

1）客厅。客厅是家庭活动的中心，面积较大，宜在角落里或沙发旁边放置大型的植物，一般以大盆观叶植物为宜，如散尾葵、绿萝、夏威夷椰子、棕竹、发财树、非洲茉莉等。而窗边可摆设喜阳的四季花卉，或在壁面悬吊小型植物进行装饰。但切忌整个厅内绿化布置过多，要有重点，否则会显得杂乱无章、俗不可耐。正门入口以不防碍行动为佳，直立性的花卉不干扰视线，最适合摆放在门口。客厅布置要注意两点：一是放置植物的地方勿阻塞走动的通道；二是花卉的布置应尽量靠边，客厅中间不宜放高大的植物。许多家庭客厅连着餐厅，可用植物作为间隔来强化功能分区，如悬垂绿萝、洋常春藤、吊兰等，这样就形成一个绿色垂帘，显得自然、美观、优雅。

2）卧室。卧室是人们休息的地方，且面积较小，故布置植物不宜过多，宜安排小型的盆花，如芦荟、吊兰、文竹等小型植物，尽量不布置悬吊植物。又因卧室是一个夜间相对比较封闭的地方，宜摆放夜晚释放氧气且能净化空气的植物。

3）厨房。厨房一般面积较小，且设有炊具、橱柜等，因此植物摆设布置宜简不宜繁，宜小不宜大。厨房温湿度变化较大，应选择一些适应性强的小型盆花，如三色堇。具体来说，可选用小杜鹃、小松树或小型龙血树、蕨类植物，放置在食物柜的上面或窗边，也可以选择小型吊盆紫露草、吊兰悬挂在靠灶较远的墙壁上。此外，还可用小红辣椒、葱、蒜等食用植物挂在墙上作为装饰。值得注意的是，厨房不宜选用花粉太多的花，以免开花时花粉散入食物中。

4）卫生间。卫生间面积较小，一般湿度较大且较阴暗，不利于一般植物的生长，因此，应选择抵抗力强且耐荫的蕨类植物。卫生间采用吊盆式较为理想，悬吊高度以淋浴时不被水冲到为佳。

5）书房。书房是读书和办公的场所，布置时应注意制造优雅宁静的气氛。布置植物不宜过多，且以观叶植物或颜色较浅的盆花为宜，如在书桌上摆一两盆文竹、万年青等，在书架上方靠墙处摆盆悬吊植物，使整个书房显得文雅清心。此外，书房还可摆些插花，插花的色彩不宜太浓，以简洁的东方式插花为宜，也可布置两盆盆景。

6）走廊、楼梯。一般家庭走廊较窄，且人来人往，所以在选择植物时宜选用小型盆花，如袖珍椰子、蕨类植物、鸭跖草类、凤梨等，还可根据壁面的颜色选择不同的植物。如果壁面为白、黄等浅色，则应选择带颜色的植物；如果壁面为深色，则选择颜色淡的植物。若楼梯较宽，可每隔一段阶梯上放置一些小型观叶植物或四季小品花卉。在扶手位置可放些绿萝或蕨类植物，休息平台较宽阔时可放置印度橡皮树、龙血树等。

另外，在目前的居室构造中，如果出现凹凸之处，最好利用植物绿化装饰来补救或寻找平衡。如在突出的柱面栽植常春藤、抽叶藤等植物作缠绕式垂下，或沿着显眼的屋梁垂下，便会制造出诗情画意般的情趣。

（2）植物装饰应考虑视线的位置　植物装饰以给人欣赏为目的，为了更有效地体现绿化的价值，在布置中就应该更多地考虑无论在任何角度来看都合适的最佳位置。例如，在餐厅用餐时，坐的位置中视觉最容易集中的某一个点便是最佳配置点。一般最佳的视觉效果是在距地面约2m的视线位置，这个位置从任何角度看都有美好的视觉效果。若想集中配置几种植物来欣赏，就要考虑排列位置的问题，在前面的植物以选择细叶而株小、颜色鲜明的为宜，而深入角落的植物应是大型且颜色深绿的。放置时应有一定的倾斜度，视觉效果才有美感。而盆吊植物的高度，尤其是以视线仰望的，其位置和悬挂方向一定要讲究，以直接靠墙壁的吊架、盆架置放小型植物效果为最佳。因为悬吊的植物是随风飘动的，如视线角度能恰到好处，就能别有一番情趣。

（3）植物装饰应体现出房间的空间感和深度感　如果把盆栽植物胡乱摆放，那么本已狭窄的居室就更显得杂乱和狭小。如果把植物按层次集中放置在居室的角落里，就会显得井井有条并具有深度感。处理方法是把最大的植物放在最深的位置，矮的植物放在前面，或利用架台放置植物，使房间变得更高、更有立体感。也可用照明法来表现室内的深度感，这种室内植物照明法，适用于室内植物处于光线不充足的地方，利用部分的照明可增加光和影子的变化效果。白天一般不采用照明，但晚间用灯光照明时就会显出奇特的构图及剪影效果，颇为有趣。这种利用灯光反射出的逆光照明，可使居室变得较为宽阔。还有一种办法，就是利用镜子与植物的巧妙搭配，制造出变幻、奇妙的空间感觉。

另外，还可以在有限的空间内巧妙安排，制造出庭园效果来。但面积不宜过大，四周外围可用红砖砌成，高度以能隐藏小花盆为宜。花盆与花盆之间不留空隙，就可变成花叶密集繁茂的花圃了，可随季节变化和自己的喜好来更换花卉。

2. 艺术性

（1）对称与均衡　对称指以一条线为中轴，左右两侧均等。均衡的特点是两侧的形体不必等同，而是表现出量上的大体相当的感觉。

（2）对比与调和　对比是把两种不相同的东西并列在一起，使人感到鲜明、醒目、活跃、振奋。调和是把两个接近的东西相并列，主要体现在色彩的调和上。

（3）比例与尺度　室内景观中的比例是指室内的各个景物之间、景物个体与室内整体环境之间适当的体积关系。尺度也叫"度"，指事物的量和质统一的界限，一般以量来体现质的标准。

（4）多样与统一　多样与统一又称统一和变化，是形式美法则的最高形式，也叫和谐。

3. 文化性

室内植物布置要讲究格调和品位，格调即风格。色彩的设计统一在室内装饰中起着改变或者创造某种格调的作用，会给人们带来视觉上的差异和艺术上的享受，让人眼前一亮。据调查，人进入某个空间最初几秒钟内得到的印象75%是对色彩的感觉，然后才会去理解形体。需求差异规律即不同职业、不同爱好、不同年龄的居住者对房间装饰色彩的要求是不一样的。如老年人适合具有稳定感的色系，沉稳的色彩也有利于老年人身心健康；青年人适合对比度较大的色系，让人感觉到时代的气息与生活节奏的快捷；儿童适合纯度较高的浅蓝、浅粉色系；运动员适合浅蓝、浅绿等颜色以解除兴奋与疲劳；军人可用鲜艳色彩调剂军营的单调色彩；体弱者可用橘黄、暖绿色，使其心情轻松愉快。

3.2.4　室内植物景观设计的方式

室内植物景观设计在形式上大体可分为两种：第一种是单株植物盆栽布置，这是一种以桌、几、架等家具为依托的装饰绿化，一般尺度较小，作为室内的陈设艺术；第二种是综合运用各种园林基本素材的布置，如用自然山水、树木花草、假山叠石及建筑小品（亭台楼阁）等构成的可观可游的多功能室内庭园，这一形式的植物装饰就其设计而言，它基本上不是室内工程完成后再添加进去的装饰物，而是作为室内设计的一部分予以考虑，就技术上讲，必须同步考虑维护室内植物装饰、水、石等景观的相关设施。

室内植物景观设计的方式除要根据植物材料的形态、大小、色彩及生态习性外，还要依据室内空间的大小、光线的强弱和季节变化，以及气氛而定。现代家庭的室内环境一般比较紧凑，室内陈设植物可向空间发展，采用"占天不占地"的办法，可选用吊兰、常春藤等植物，它们的长势向下垂伸又参差不齐，给人一种动感，一般可置于立式柜体家具之上，还可放在麻织编袋或藤编篮中悬挂在角隅处。橡皮树、龟背竹等植物长度体量较大，枝叶茂盛，色彩浓郁，这类植物适宜放在客厅这种室内空间和家具形体都相对较大的居室，沙发质地柔软，尺度较大又趋低矮和高大茂盛的枝叶形成强烈对比，统一和谐，成为一个富有变化的空间，整个室内呈现出淡雅自然的格调。波丝草、文竹等植物枝叶纤细而又浓密，一副楚楚动人的样子，这类植物一直受到女士们的青睐。一些色彩艳丽的插花，因持续时间有限，应放在显眼的位置。

在室内装饰陈设中，植物品种的选择还可根据自己的年龄、职业、个性特点、兴趣爱好和居住条件，作一些相应的调整变化。其装饰方法和形式多样，主要有陈列式（陈设式）、攀附式、悬垂式、壁挂式、吊挂式、攀附式、花架式、植物幕墙等植物绿化装饰。

1. 陈设式（图3-37）

陈设式也叫陈列式，是室内绿化装饰最常用和最普通的装饰方式，包括点式、线式和面式三种。其中以点式最为常见，即将盆栽植物置于桌面、茶几、柜角、窗台及墙角，或在室内高空悬挂，构成绿色视点。线式和面式是将一组盆栽植物摆放成一条线或组织成自由式、规则式的面状图形，起到组织室内空间、区分室内不同用途场所的作用，或与家具结合起到划分范围的作用。几盆或几十盆植物组成面状摆放可形成一个花坛，产生群体效应，同时可突出中心植物主题。采用陈设式绿化装饰，主要应考虑陈设的方式、方法和使用的器具是否符合装饰要求。传统的素烧盆及陶质釉盆仍然是目前主要的种植器具，近年来出现的表面镀仿金、仿铜的金属容器及各种颜色的玻璃缸套盆则和豪华的西式装饰相协调。

图 3-37　陈设式

总之，器具的选择要视室内环境的色彩和质感及装饰情调而定。下面简单介绍陈设式的三种摆放方式：

1）点式。点式植物绿化即指独立设置的盆栽、乔木和灌木。它们往往是室内的景观点，具有观赏价值和较强的装饰效果。安排点式植物绿化要求突出重点，要精心选择，不要在它周围堆砌与它高低、形态、色彩类似的物品，以便使其更加醒目。点式植物绿化的盆栽可以放置在地面上，或放在茶几、架、柜和桌上。

2）线式。线式植物绿化即指吊兰之类的花草悬吊在空中，或放置在组合柜顶端角处可以与地面植物产生呼应关系。这种植物其枝叶下垂，或长或短，或曲或直，形成了线的节奏韵律，与搁板柜橱及组合柜的直线对比而产生一种自然美和动感。

3）面式。面式植物绿化即指以植物形成块面来调整室内的节奏。在家具陈设比较精巧细致时，可利用大的观叶植物形成块面进行对比，弥补家具由于精巧而产生的单薄感，同时增强室内陈设的厚重感。

2. 悬垂式（图3-38）

在室内较大的空间内，结合顶棚和灯具，在窗前、墙角、家具旁吊放有一定体量的荫生悬垂植物，可改善因室内人工建筑的生硬线条造成的枯燥单调感，营造生动活泼的空间立体美感，且可充分利用空间。这种装饰常使用金属或塑料吊盆，使之与所配材料有机结合，以取得良好的装饰效果。飘曳的枝条、柔垂的叶片能使居室充满动韵。

3. 壁挂式（图3-39）

室内墙壁的美化绿化也深受人们的欢迎。壁挂式可分为挂壁悬垂法、挂壁摆设法、嵌壁法和开窗法。预先在墙上设置局部凹凸不平的墙面和壁洞，可放置盆栽植物；或在靠墙地面放置花盆、砌种植槽，然后种上攀附植物使其沿墙面生长，形成室内局部绿色的空间；或在墙壁上设立支架，在不占用地面空间的情况下放置花盆，以丰富空间。采用这种装饰方法时，应主要考虑植物姿态和色彩，以悬垂攀附植物材料最为常用。选择植物的色彩应与壁面颜色协调，如白色的墙面最好配以深红色植物。壁挂式的装饰方法有两种：一种是把花盆放在墙角，然后在墙壁上用绳子作攀援架子，利用蔓生植物的蔓性使其沿墙面生长；二是用半球形容器（一侧面呈平面的花盆）吊挂在墙壁上。

图3-38 悬垂式

4. 攀附式（图3-40）

在种植器皿内栽上牵牛花、扶芳藤、凌霄等，使其沿墙壁、楼梯、柱子等盘绕攀附，形成绿色帷幔，也可用绳牵引于窗前等处，让藤蔓顺绳上爬，上攀下垂，层层叠叠，满目翠绿，十分幽雅。客厅和餐厅等室内某些区域需要分割时，可采用攀附植物隔离，或用某种条形和图案花纹的栅栏再附以攀附植物进行空间隔离，栅栏与攀附植物在形状、色彩等方面要协调。

图3-39 壁挂式

图3-40 攀附式

5. 花架式（图3-41）

当居室空间较小时，为了充分利用室内空间进行绿化，利用花架摆放植物进行装饰是目前比较常用的一种形式。室内花架按照材质可以分为木质、铁艺、根雕花架，按照风格可以分为田园风、现代简约风、古典风格的花架等。我们可以根据花架的摆放位置及空间的大小选择合适的花架。

6. 植物幕墙（图3-42）

植物幕墙是一种无土栽培系统，由支撑构架、防水层、灌溉系统、基质布袋、植物等共同组成。植物幕墙支撑构架采用镀锌方钢或不锈钢方管制成，以泡沫板作为防水层固定于支撑构架上，以无纺布制作成 14cm×14cm 的布袋结构作为种植容器，对植物起到固定作用。灌溉系统采用滴箭形式，每个植物袋配一个滴头，植物种植好后把滴头插入植物介质中，植物介质最好采用泥炭、水苔等轻质材料。植物幕墙可应用于一些稍宽敞的室内空间，如办公大厅、宾馆大堂等休闲场所，图案与花色的组合方式丰富可变，美化环境和净化空气效果好。

图3-41　花架式

图3-42　植物幕墙

另外，植物大小比例的选择要根据室内空间大小来决定。面积较小的起居室、客厅等应配置一些轻盈秀丽、娇小玲珑的植物，如金橘、月季、海棠等。书房和小型客厅可选择小型松柏、龟背竹、文竹等，使气氛更加幽静典雅。用植物来做家居装饰还要考虑到植物的特性，如生长周期、应该补给的日照时间、对水分的需求等，因此，在选择过程中还应注意选择那些季节性不明显和容易在室内存活的植物。

总之，室内植物的装饰方法是以点、线、面的形式出现于室内的。运用何种方式，要根据具体房间的陈设、空间的需要和植物的天然属性进行选择。

【课后训练】完成实训项目九

实训项目九　某居室室内植物景观的设计

一、实训目的

1）掌握公共场所及家庭植物的布置原则。
2）了解不同植物的应用和代表的花语。
3）掌握如何安全地使用植物。

二、实训工具材料

指定的一套居室图；A4 图纸、铅笔、针管笔、橡皮擦、圆规、直尺、三角板、彩笔等。

三、实训成果要求

1. 设计一份居室室内植物装饰图

居室平面图如图 3-43 所示。

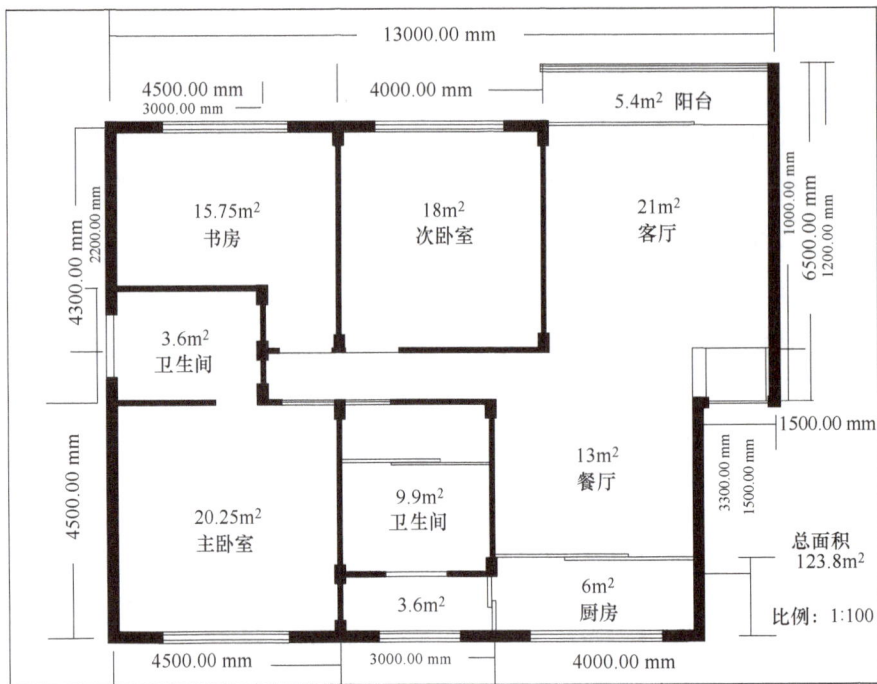

图 3-43 居室平面图

2. 要求如下

1）绘制室内植物布置的平面图，用 A4 图纸。
2）有植物名录表。
3）植物布置合理得当。
4）图幅整洁，图线清晰。

3. 设计成果

1）总平面图，比例为 1：200～1：300，A3 号图（标注尺寸）。
2）室内植物布置图。
3）整体或局部的效果图、意向图。
4）设计说明书，包括各植物的特点、花语及功能描述。
5）植物名录及其他材料统计表。

四、考核内容和考核方法

序号	评分项目	评分标准	分值	得分
1	功能要求	能结合环境特点，满足设计要求，功能布局合理，符合设计规范	20	
2	景观设计	能因地制宜合理地进行景观规划设计，景观序列合理展开，景观丰富，功能齐全，立意构思新颖巧妙	25	
3	植物配置	植物选择正确，种类丰富，配植合理，植物景观主题突出，季相分明	20	
4	方案可实施性	在保证功能的前提下，方案新颖，可实施性强	20	
5	设计表现	图面设计美观大方，能够准确地表达设计构思，符合制图规范	15	

任务 3.3　居室插花

3.3.1　西方式插花

1. 西方式插花的特点

地域的差异形成了不同的民族特性及历史文化背景，也形成了各具特色的插花艺术。西方人的哲理观念影响着西方的文化艺术。从西方哲学的发展史看，贯穿其中的是强调理性对实践的认识作用。在这种哲理观念影响下产生的程式化、规范化的"唯理"美学标准与尺度，使西方文化艺术中的几何审美达到了登峰造极的地步。以欧洲为代表的西方传统插花艺术强调理性和色彩美，以抽象的艺术手法将大量不同色彩、不同质感的花材堆砌成各种图形，呈现人工的数理之美，形成了典型的大堆头几何图案式插花风格：

1）讲究几何图案造型，追求块面的群体表现力（图 3-44）。

2）追求丰富、艳丽的色彩，着意渲染华贵、热烈的气氛（图 3-45）。

图 3-44　西式插花几何图案造型

图 3-45　西式插花渲染热烈的气氛

3）构图上多采用对称、静态平衡的手法，表达稳定和规整之感，体现人为力量的美，使花材表现强烈（图 3-46）。

4）花材种类（以草本花卉为主）多，用花数量比较大，有花木繁盛之感（图 3-47）。

图 3-46　西式插花的对称构图

图 3-47　西式插花的花木繁盛之感

5）插花作品讲究装饰效果，不过分地强调思想内涵。

2. 西方传统插花的构成

（1）观赏方向的构成　西式传统插花作品按观赏的方向有单面观和四面观两种类型。单面观赏只能从正面观赏，多靠墙摆设。四面观赏可以从四面多角度观赏，多摆在餐桌或会议桌上。

（2）造型结构的构成

1）对称式。作品外形轮廓整齐对称，可在中轴线两侧或上下均匀布置形状、数量、色彩相同的花材，也可在中轴线两侧选择不同的花材，通过量、色和形等不同因素保持两侧平衡，只要中轴线两侧尺寸相等则可，如半球形、水平形、三角形、扇形、倒T形等造型（图3-48）。

2）不对称式。外形轮廓不对称，常见的有L形、S形、新月形、不等边三角形等造型（图3-49）。

图 3-48　对称式（扇形）

图 3-49　不对称式（S形）

（3）花材在构图中的构成　西方传统插花追求图案美和装饰效果，重色彩和量感。在选择花材上，以花材的色彩美为主，多使用色彩艳丽的花材；花形上选择花朵丰腴的花材；花朵占据构图的大部分空间甚至全部；花材用量大，突出花材的群体美。根据花材在构图中的不同作用，可分为骨架花、焦点花、主体花、填充花（图3-50）。

骨架花—富贵竹
焦点花—黄百合
主体花—玫瑰
填充花—勿忘我

图 3-50　西式传统插花中的骨架花、焦点花、主体花、填充花

1）骨架花。骨架花是插花造型中最基本的要素之一，它确定了造型的形状、大小、方向，构成整体造型的轮廓。造型的轮廓由最外围花的顶点连线组成，这些顶点连线所呈现的形状就是插花作品的花

形。骨架花一般选长穗状花、花茎挺拔的单朵团状花或枝叶。

2）焦点花。任何花型都有其结构重心，它是视觉集中之处，位于此重心的花就是焦点花。在西式传统插花中焦点花一般在造型的中心位置，又称中心花。焦点花宜选用丰腴、鲜明而富有特色的团状花材或特殊形状的花材。

3）主体花。主体花是完成整个造型轮廓的主要花材。西式传统插花的风格是大块面几何图形的组合，采用花型丰满、有层次感的主体花材来让骨架花与焦点花和谐地融成一体，并充实空间突出造型的图案美。插花时花的方向以焦点为中心，按离心的规律向四周辐射，上部的花朵向上，左侧的花朵向左，右侧的花朵向右等。一般主体花常采用团状花材，如玫瑰、康乃馨等。

4）填充花。西式传统插花造型中空隙很少，通常选用形体较细小，丛状或羽状的花、叶做填充花，如满天星、小菊、肾蕨、天门冬等。填充花在构图中主要起填充和过渡作用，用以填补空间使花型丰满、和谐、有层次感，还可遮掩花泥。

3. 西式传统插花的基础造型

（1）三角形造型　三角形造型为单面观赏、对称或不对称构图的花艺造型，是西式传统插花中最基本的造型。在所有图形中，三角形是最具稳固性的，因此，三角形造型的插花作品是最庄严、最雄伟、最稳定、最隆重的造型。三角形造型有对称式与不对称式两类。容器常用浅盆或较矮的花瓶。

1）三角形插花的特点。

① 构图要点：所有花材源自一个共同的放射中心点；三角形造型的三个顶点必须清晰；高、宽、深比例匀称平衡；垂直花轴略后倾，但不超过容器边缘竖直面，一般保持在15°左右；水平花轴紧贴容器边缘呈180°展开或略向前抱合。

② 插作注意事项：各种花材应插在三角形的骨架内，不能超出骨架范围；花朵不要都插在同一平面上，应高低错落，增加层次感；填充花尽量不高于主花；对称或不对称三角形造型要注意作品的均衡性，尤其是不对称的造型。

2）三角形插花的操作步骤。

① 搭骨架花（图3-51）：单面观赏的造型，骨架一般由四枝花枝定点构成，这四枝花枝即为骨架花。四枝骨架花枝分别为：一枝垂直轴花枝、两枝水平轴花枝、一枝深度轴花枝。将第一主枝插在花泥中后部的1/3处，插入的角度稍向后倾斜，但倾角不能超过15°。第二枝、第三枝花材分别从花泥前1/3处的两侧插入，要求插入的角度呈水平向两侧伸出。第二枝、第三枝花材的长度为第一枝花材的一半或

图 3-51　搭骨架花

最长不能超过其2/3。第四枝的长度约为第一支的1/4。第四支的插入位置在花泥的正前方，插入的角度与花泥垂直呈水平方向正前方伸出。这样三角形的形状就确定下来了。

② 插焦点花（图3-52）：如有花朵大、花形美、颜色艳的花材，可作为视点中心焦点花材，插在花泥中线靠下部1/3～1/4处，插1～2朵做焦点花，花头插入位置应在垂直轴花枝与正前方向的深度轴花枝的顶点连线上，呈45°角度。

③ 插主体花（图3-53）：三角形造型要突出角点和边线，所以主花材常选用一些线形花材，或用块状花材线状排列。焦点花材插入后，可围绕焦点花材插入其他一些花材。选用的花材应注意作品整体的颜色搭配及花材的长短变化，应使它们的长度不超过第一至第四主枝的空间。另外插入要均匀，并使花材之间留有一定的空隙，以免有拥挤之感。主体花材的选用应注意与作品整体的颜色和谐搭配。作品前侧中下部应插些颜色艳、体积大、具有一定重量感的花朵，以使作品稳定，增加层次感。

图3-52 插焦点花   图3-53 插主体花

④ 插填充花（图3-54）：为进一步衬托花型，可在作品背后插入一些绿色条形配叶，配叶的长度可稍长，要求插入后也呈现三角形构图。最后，再选用一些散状花材、小型配叶做填充花材插入各主要花枝之间，使花型丰满并遮掩花泥。注意，填充花材应插得均匀，高度一般不能超过主花，有时为了营造朦胧效果，也可适当高于主花。

图3-54 插填充花

（2）扇形造型 扇形造型为单面观赏、对称构图的插花造型。它为放射状造型，是线状花材由中心点呈辐射状向四面延伸排列而呈现出半圆形背景，如同一把打开的折扇，犹如孔雀开屏。扇形造型作品适宜摆放在柱位、三角位、转角等处，也可以摆放在酒店的大堂，能烘托热闹喜庆的气氛，装饰性极强。

1）扇形插花的特点。

① 构图要点（图 3-55）：对称放射状的半圆结构；垂直轴花枝、水平轴花枝构成等半径半圆形，在实际操作时垂直轴花枝应较水平花轴长，视觉上才更有扇形的感觉；垂直轴花枝后倾 15°左右以保持平衡，水平轴花枝贴容器边缘呈 180°展开；线状花材构成外形的骨架，其中心位置以团状花材或特殊花材来表现。

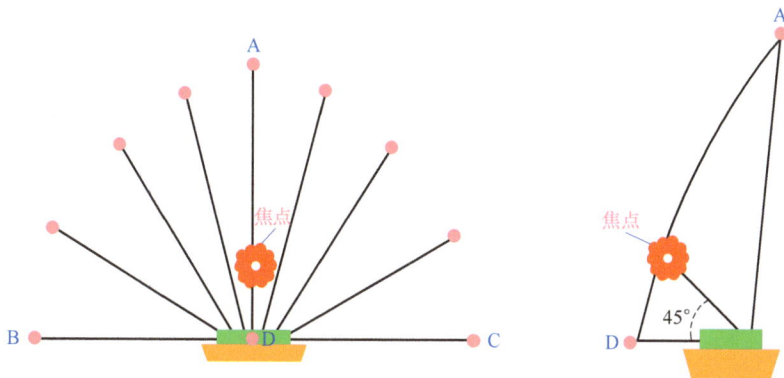

图 3-55　扇形插花的构图要点（正面图与侧面图）

② 注意事项：垂直轴花枝与水平轴花枝的顶点连线为弧形线，连线内的主体花应与背景扇骨架花枝一起构成流畅的弧形边际线，注意向外扩展的动感及层次分明的变化。

2）扇形插花的操作步骤（图 3-56）。

① 骨架花：扇形设计是利用每一枝等长的线状花材先插出骨架，模仿折扇的肋骨做出半圆形的整体架构。扇骨花枝要选择相同品种和颜色的线状花材，决不可以交替使用两种不同的线形花材，不同颜色也不能交替使用，因为将会造成一种很不自然的外观。正前方向的深度轴花枝长度为扇骨花枝的 1/4 左右。

② 焦点花：选用形状特殊、花朵大、色彩明亮的焦点花材，插在中线靠下部 1/3 ~ 1/4 处，插 1 ~ 2 朵作焦点，花头插入位置应在垂直轴花枝与正前方向的深度轴花枝的顶点连线上，呈 45°角度。

③ 主体花：主体花为团状花材，与骨架花形成对比之美。为避免平面化，从中心点要有向前面方向扩散的花材，形成底部中间有一定厚度的立体扇面。插入角度基本上与骨架花材一样，呈扇形展开；插入的程序应由后排向前排插，且花材的高度由后向前逐渐降低。

骨架花—外层玫瑰
焦点花—黄百合
主体花—康乃馨与外层
以内的玫瑰

图 3-56　扇形插花

④ 填充花：在主花之间再插入一些碎花细叶的填充花材和叶材来进行空间过渡、丰满造型、遮掩花泥。

（3）倒 T 形造型（图 3-57）　倒 T 形造型为单面观赏、对称式的插花造型。造型犹如英文字母 T 倒过来，是一种对称但比较活泼、秀丽的造型。

1）构图要点（图 3-58）：①高与底边相等或稍高于底边；②垂直轴花枝稍后倾，水平轴花枝贴容器边缘呈 180°展开；③倒 T 形突出线性构图，宜使用有强烈线条感的花材。

2）插作注意事项：①倒 T 形的主体花材尽量集中在焦点附近，花与花之间不可太密，要有层次感；②垂直轴花枝必须保持垂直，水平轴花枝保持水平或下垂，不能向上翘。

图 3-57　倒 T 形造型

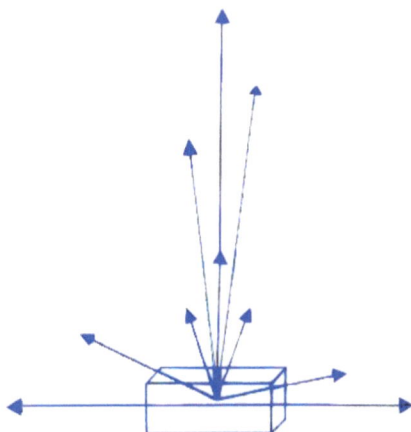

图 3-58　倒 T 形造型的构图要点

（4）L 形造型（图 3-59）　L 形造型为单面观赏、不对称式的插花造型。花型两侧不等长，一侧是长轴，另一侧是短轴，强调纵横两线向外延伸。L 形插花适于摆设在窗台或转角的位置，一般采用低身花器。

1）构图要点（图 3-60）：①类似倒 T 形，但强调纵横线；②直角相交处下花量不要太多，垂直花轴稍后倾，水平花轴贴容器边缘呈 180°展开。

2）插作注意事项：①要注意水平长短轴花枝之间的比例关系；②注意花体与容器的关系，如容器细且高，横轴更要短些；③垂直轴和水平长轴宜用线条感强的花材。

图 3-59　L 形造型

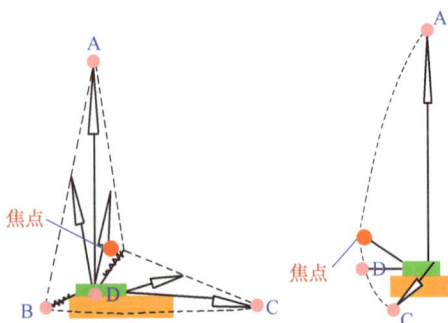

图 3-60　L 形造型的构图要点（正面图和侧面图）

（5）新月形造型（图 3-61）　新月形造型也称弯月形造型。新月形造型为单面观赏、不对称式的插花造型。它圆弧形的造型犹如大自然上弦月之美，是一种表现曲线美和流动感的花形。新月形可随着花材的变化而变化，构图轻巧，具有强烈的曲线美。它使用场合广泛，室内装饰以及用作馈赠礼品的花篮都十分优美、柔和。容器不宜太高，口部宽阔的最为合适。新月形的骨架一般插制为上弦月，有时依据容器及装饰的环境也可插制成下弦月造型（图3-62）。

图3-61　新月形造型

图3-62　下弦月造型

1）新月形造型的特点。

① 构图要点（图3-63）：外形在视觉上像弯月，弯成曲线，两头尖中间宽，衍生于一个圆形；有一个共同的中心点，这个中心点低且密集，为构图的重心，重心在弯月的2/3处也就是焦点位置所在；弯月曲线的2/3构成左上弧线，另外弯月曲线的1/3构成右上弧线。

② 插作注意事项：选择容易弯曲的花材，大部分花材沿弧线抱合，不要偏离花型；焦点花不能朝天开放，要向前倾斜45°~60°；上下弧线忌等长；构图要轻巧、柔和。

2）新月形造型的操作步骤。

① 搭骨架花（图3-64）：骨架花由左上弧线花材与右上弧线花材构成。骨架花宜选择柔软而富于曲线美并容易造型的花材（线状或叶材），经加工处理做成弯月的外轮廓线，使茎干能顺着弧线走向。

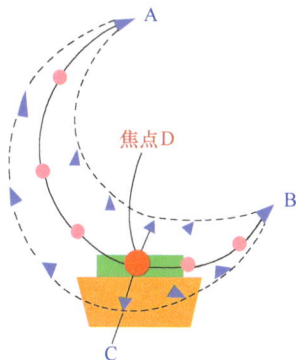

图3-63　新月形造型的构图要点

图3-64　搭骨架花

② 插焦点花（图3-65）：选用1~2朵焦点花材插在重心处，并向前倾斜45°~60°。新月形的焦点花高度较低，一般高出容器口边缘15cm左右即可。为使花型呈现景深，流露自然风韵，在主焦点花的内侧还可插辅助焦点花，作为内侧线的焦点。

③ 插主体花（图3-66）：插入位置应围绕焦点花材，插入的方向应沿着弧形左右向上抱合成新月形，同时应注意高低的变化。

④ 插填充花：在主花之间再插入一些碎花细叶的填充花材和叶材来进行空间过渡，丰满造型，遮掩花泥。这些花材不宜插入太多，以能起到衬托构形花材、使构形丰满的作用为目的。

图 3-65　插焦点花

图 3-66　插主体花

（6）半球形造型（图 3-67 和图 3-68）　半球形造型为四面观赏、对称式的插花造型。它是由中心的一点向四周作放射线伸展，外围轮廓线构成半圆形。半球型是西方传统花艺中最为普遍、使用范围最广的形式之一，它几乎可以用于各种场合，可以从任何角度观赏。半球形插花作品的花头较大，容器不甚突出。这种造型柔和浪漫，轻松舒适，常用于茶几、餐桌的装饰。

图 3-67　半球形造型一

图 3-68　半球形造型二

1）构图要点（图 3-69）：①设计上用半圆球形状构成造型，插花的外形轮廓为半球型；②整个插花轮廓线应圆润而没有明显的凹凸部分，从各个方向看高度、宽度平衡，色彩搭配调和，同色不相邻。③容器选择低矮平盆最合适，突出半球的丰满感。

2）插作注意事项：①造型要丰满、圆滑，表面不能凹凸不平，填充花或叶不能高于主体花；②水平轴要 180°平展，或稍向下，切忌向上。

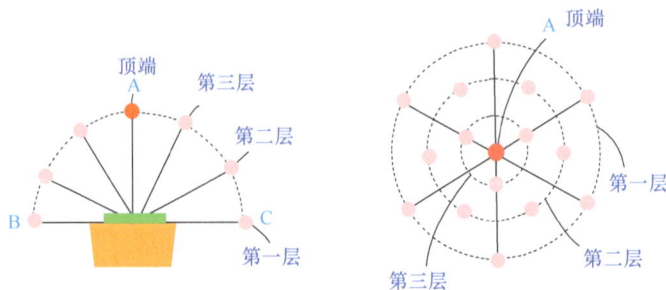

图 3-69　半球形造型的构图要点（正面图和平面图）

（7）水平形造型（图 3-70）　水平形造型为四面观赏、对称式的插花造型。此造型作为欧洲格调的花艺代表之一，外观具有很强的水平感，为中心稍高、四周渐低的圆弧形插花体。此造型花团锦簇，豪华富丽，适合摆放在长方形的西式餐桌或会议桌上，以平视和俯视效果为佳，放置位置必须在视平线以下。水平形造型以俯视面呈现的几何图案形状不同分为椭圆形与菱形。

图 3-70　水平形造型

1）构图要点（图 3-71）：①造型扁平，坡度很缓，制作方法与半球形相似，不同的只是底部水平枝要比垂直的定位枝长得多，然后向上的花枝长度逐层递减形成缓和的球面；②垂直花轴和四枝水平花轴相交 90°，垂直花轴直立不向任何方向倾斜，水平花轴贴容器边缘呈 180°展开；③容器多用浅盆或浅盘；④完成后的作品高在 30cm 左右。

2）插作注意事项：①注意控制总体高度，以免遮挡视线；②注意长轴与短轴的比例，长轴尽量长些，不要插成一个半圆球一边再加上一段直线；③注意水平形中的菱形强调的是俯视面"角"的特征，椭圆形强调的是俯视面各水平轴花枝顶点连线呈"椭圆"的特征。

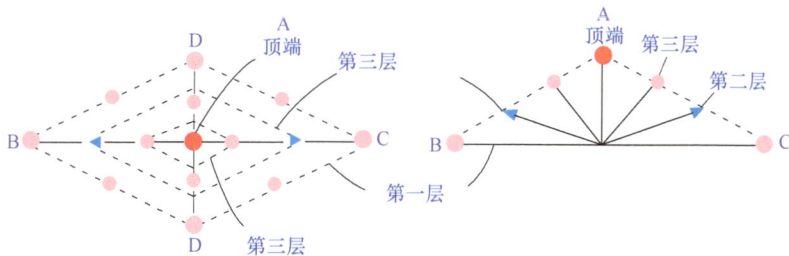

图 3-71　水平形造型的构图要点（平面图和正面图）

3.3.2　东方式插花（中国传统插花）

1. 东方传统插花艺术的特点

历史悠久的中国传统文化艺术，受儒、释、道哲学思想的影响，经过漫长的传承与发展，形成了"天人合一""道法自然"的传统文化艺术创作的共同指导思想。有着 3000 年历史的中国传统插花艺术，是大自然的浓缩与升华，是中国传统艺术"形肖自然"理论的典型体现。东方传统插花艺术的特点如下：

1）以线条造型为主，充分利用植物的自然姿态，因材取势，追求朴实秀雅的线条美（图 3-72）。

2）花材使用数量不求繁多，色彩上以清淡、素雅、单纯为主，提倡轻描淡写、简洁清新（图 3-73）。

3）表现手法上多以三个主枝为骨架，高、低、俯、仰，构成不等边三角形的定位方法（图 3-74）。

4）构图上崇尚自然，采用不对称式构图法则，讲究画意，布局上要求主次分明、虚实相间、俯仰相应、顾盼相呼。

图3-72　东方式传统插花以线条造型为主

图3-73　东方式传统插花色彩清淡

5）重视意境和思想内涵的表达。注重花材的人格化意义，用自然的材料来表达作者的精神境界，赋予作品深邃的思想内涵，体现东方"意在笔先，画尽意在"的构思特点，使得插花作品达到形神兼备的艺术境界（图3-75）。

图3-74　东方式传统插花以三个主枝为骨架

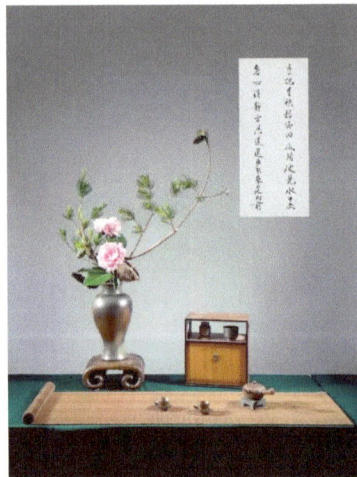

图3-75　东方式传统插花重视意境

2. 中国传统插花的构成

（1）六大器皿花的构成　在中国传统插花的理念中，花器对花有特别的含义，它不仅盛水养花，还象征着滋生万物的大地。插花的器皿不仅与花材相衬、与花材和谐，还延伸着作品的文化内涵，使作品的意境更为深远，这是中国传统插花艺术的一大特色。中国传统插花从众多传统花器中整理出来的盘、篮、碗、缸、瓶、筒六大器皿构成了盘花（图3-76）、篮花（图3-77）、碗花（图3-78）、缸花（图3-79）、瓶花（图3-80）、筒花（图3-81）六大器皿花。

（2）四大构图形式　中国传统插花崇尚自然，构图力求自然。在传统的插花构图中没有明显的几何中轴线，都是以不对称的均衡为原则，强调枝叶与花朵在不对称中表现一种"宛自天开"的美妙姿态及富于变化的动态均衡，表达作者的思想，具有深邃的意境。中国传统插花无定式，不过根据主枝在构图中的位置与姿态，构图形式一般可归纳为直立式、下垂式、倾斜式、平展式四大类。

图 3-76　盘花

图 3-77　篮花

图 3-78　碗花

图 3-79　缸花

图 3-80　瓶花

图 3-81　筒花

1）直立式（图 3-82）。直立式是指第一主枝竖直插置在中垂线上或中垂线附近的造型，表现植株直立生长的形态，其他所有插入的花卉都呈自然向上的势头，趋势也保持向着一个地方。高低花器都可作为直立式造型的容器。

① 构图技巧：第一主枝与垂直线一致，或在垂直线夹角的 15° 范围内；三主枝要力求变化，后两枝花要求与第一支花相呼应，形成一个整体；从枝不要削弱主枝的走势；用浅盘作为花器插时注意主枝在

花器中的位置，置于中央时要力求变化以免呆板；瓶插花要求瓶口干净利落，一般至少要留出 1/4 的空位。

②插作注意事项：三个主枝不要插在同一平面内，应有深度；主枝之间要留有空间，不要把空间填塞；焦点花应向前倾斜，让观赏者可以看到最美丽的花顶部分；焦点处绝不能有空洞或看到一堆不雅的枝茎；因花型有向前的倾向，所以最后还要在第一主枝旁插一枝稍短的后补枝修补背面，使重心拉回，增加作品的稳定与透视感。

2）下垂式（图 3-83）。下垂式又称悬崖式。主枝低于花器瓶口，向下悬垂布局，总体轮廓应呈下斜的长方形，瓶口上部不要插得太高。花材多采用蔓性、半蔓性及花枝柔韧易弯曲的植物，表现其修长飘逸、弯曲流畅的线条美，使画面生动而富装饰性。此造型一般陈设在高处或几架上。

①构图技巧：主枝在容器中呈下垂的姿态；宜用高身花器，保持作品重心平衡，作品的摆设位置宜高于视线；对使用花材的长度没有明确的规定，可以长些也可以短些，主要根据花器和摆设位置来决定。

②插作注意事项：如果第一主枝使用的是花枝，花头的朝向应与视角一致；花的观赏面要对着人的视觉点，以保持最佳观赏角度；保持作品重心平衡。

图 3-82 直立式

图 3-83 下垂式

3）倾斜式（图 3-84）。倾斜式的主枝在花器中呈倾斜式布局，以第一主枝倾斜于花器一侧为标志。利用一些自然弯曲或倾斜生长的枝条，表现其生动活泼、富有动态的美感。总体轮廓应呈倾斜的长方形，即横向尺寸大于纵向尺寸，才能显示出倾斜之美。

①构图技巧：倾斜式的第一主枝变化范围最大，可以在垂直线左右各 30°之外、90°以内的范围里确定花体位置；第二、三主枝都是围绕第一主枝进行变化，但不受第一主枝摆设范围的限制，可以成直立状，也可以是下悬状，总之是以与第一主枝形成最佳呼应势态为原则，保持统一的趋势（这就好比是自由生长的花木都朝着一个方向，竞相取得阳光的照射一般）。

②插作注意事项：倾斜式构图动感强，注意保持作品的重心，不可失去平衡；确定第一主枝的位置时，应尽可能地避开与花器口水平线相交的位置，更忌讳三主枝插在同一水平层次上。

4）平展式（图 3-85）。平展式插花是全部的花枝在整个平面上表现出的造型，花枝间没有明显的高低层次变化，只有向左右平行方向作长短的伸缩，犹如自然中植物匍匐生长的势态。

①构图技巧：插花中三主枝虽然都在一个平面上，但每一枝花的插入也是有长有短，有远有近，也能形成动势；主枝在花器中呈水平方向开展，可以在水平方向上下 15°的范围内变化；第一主枝插在花

器的一侧，第二主枝插在另一侧，第三主枝根据作品重心平衡情况插入。

② 插作注意事项：平展式插花的协调较难掌握，根据作品的重心稳定需要来灵活定位各枝，尽量使花枝之间达到一定的平衡关系。

图 3-84　倾斜式

图 3-85　平展式

（3）三大主枝　传统插花无论何种形式都是以不等边三角形的构图方法来确定造型的。传统插花的基本构图一般由三主枝构成骨架（图 3-86 和图 3-87）。这三主枝分别为第一主枝（中心枝）、第二主枝（配饰枝）、第三主枝（根饰枝）。在日本花道中，这三主枝还分别寓意天、地、人的象征关系，并循着自然去抒发人性，从中领悟天人合一的哲理。

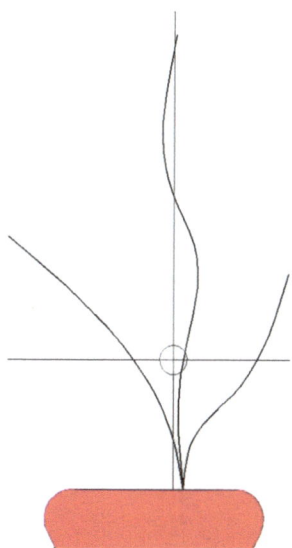

图 3-86　三主枝骨架图

图 3-87　三主枝构成的东方式插花

1）第一主枝。第一主枝也称中心枝，它在三主枝中最长，其长短、方向与姿态决定花型的基本形态，如直立、倾斜或下垂等。一般选取具有代表性的枝条作为第一主枝，花材应选用生长旺盛健康、枝形优美流畅的枝条。第一主枝的长度取花器高度与直径之和的 1.5～2 倍，一般盆插花取 1.5 倍，瓶插花取 2 倍。

2）第二主枝。第二主枝协调第一主枝，对第一主枝起着衬托、修饰、美化的作用，给人一种变化和韵律美。第二主枝一般与第一主枝使用同一种花材，以弥补第一主枝之不足，但也可不相同。第二主枝多为左右变化在构图的横向空间上发挥作用，使花型具有一定的宽度和深度，使作品呈现立体感。其长度应为第一主枝的 1/2 或 3/4。第二主枝一般插置于第一主枝和第三主枝之间，由于第一主枝与第三主枝之间的空间较大，第二主枝还具有将第一主枝与第三主枝融汇贯穿为一个整体的联结作用，从而避免出现构图不连续、画面分隔的现象。

3）第三主枝。第三主枝的作用是掩饰、修饰第一主枝的基部，并增加构图的色彩及材质的变化；

使作品整体构图取得均衡效果，避免产生头重脚轻之感；将花材与花器联系起来，并融为一体；表现插花构图的立体深度。第三主枝花材选用时宜选用与第一主枝花材不同种类的花枝，并力求与第一主枝取得谐调。第三主枝的长度是第二主枝的 1/2 或 3/4。

除了三大主枝外，根据需要可插入修饰主枝并充实花型的从枝，也称辅助枝。从枝插作最明显的特征就是"各为其主"。一般来说，每根主枝可插入 3 枝从枝。这 3 枝从枝可选用与主枝相同或不同的花材，但长度均不能超过主枝，它们应围绕主枝，顶点也组成一个不等边三角形。除了从枝的长度和插入角度的变化外，还要注意各花材不能互相遮挡。

3. 中国传统插花的表现技巧

（1）不对称的均衡　东方插花追求自然，构图多为不对称式，借助线状花材的长短、粗细、曲直、横斜、疏密和俯仰来造型。传统插花在平衡关系上对花材的布局要求高低错落、俯仰呼应、疏密有致、虚实结合，从而使造型达到一种动态的均衡。

（2）选择花材的统一趋向点　花材的正面朝向应朝一个统一的方向，如植物生长都有向光趋势，花朵向着阳光开放，枝叶迎着太阳伸展。正如清朝的沈复在《浮生六记》中写道："横斜以观其势，反侧以取其态"，"势"即花木生长之势，其形之呼应即为势之所在。插花时须选择能互相呼应、气脉相连、态势天然的花材，才能取得谐调的整体美感。当趋向点定在插花者所站位置正前上方时，为直立型的花形；当趋向点定在插花者所站位置前方偏左上（下）或右上（下），则为左倾斜型（下垂型）或右倾斜型（下垂型）。所有花材正面的朝向都应尽量与这个统一点相符，不能反向，才能体现各种花材间相互呼应的美感。

（3）选择最佳线条花材　受中国书画艺术的影响，线条是中国传统插花构图的骨架和灵魂。用木本花枝线条进行造型是中国传统插花艺术最突出的特点。线条的表现力十分丰富，表达着丰富的内涵：粗枝劲干表现雄壮气势；纤细柔枝表现温馨秀丽；飞动的线条给人以挥洒自如、酣畅淋漓之美；密集排列顺势而下的线条有一泻千里之势；蜿蜒迂回的线条犹如溪水流畅的韵味等。

（4）"破正求奇"　"破正求奇"是中国传统插花的表现技法之一。在传统的插花艺术作品里，常采用"破"的技法打破单一线条、单一色彩给人平淡乏味的感觉，从而产生跌宕起伏、峰回路转的奇特效果。直的常用曲的破，横的常用竖的破，圆的常用长的破，插花时瓶口的线条不能全露，也常用花或枝叶破之。

（5）写实与写意　写实是效法自然界花木的生长规律，将花枝按高低各种自然姿态插入花器中来表现事物的具体面貌，写实自然景观。写意是运用抽象的表现手法，通过选用的花材使人产生联想，强调作品造型所带来的诗情画意。

（6）意境的呈现　"意与境浑，情与景化"，意境的创作根植于中国古老的文化艺术中，体现了中国哲学思想中儒、道、佛文化所追求的自然境界，融入了中国诗画的文化内涵。意境的呈现是中国插花艺术追求的最高境界，它激发着人们去"寻找可以显现心灵方面深刻而重要的旨趣"。

3.3.3　现代自由式插花（现代花艺）

第二次世界大战以后，随着现代艺术蓬勃发展以及各民族文化的相互交流，东西方的艺术形态都趋向一种远离传统、追求自由抽象的艺术风格。在此基础上以传统插花为基础，以植物材料为主创元素，造型趋于自由，表现力更为丰富的现代自由式插花也发展起来。

1. 现代自由式插花的特点

（1）内容拓展　现代花艺更能表达现代人的情感和愿望，具有时代的美。在传统插花艺术中，人们往往局限于花材的限制，一般大都表现自然景观、四季景象等内容，在其他方面涉及较少。而现代花艺表现的内容得到了更为广泛的拓展。生活中的许多事物、人们所关注的许多问题都是可以涉及的题材。

即可以是自然景观再现，也可以是对庭院中花草姿态的描绘；即可以对未来憧憬，也可以是对逝去岁月的怀念；即可以是对现实世界的反映，也可以是对心灵和精神世界的感悟。

（2）形式创新 形式与手法是创作主题直观反映的手段。现代自由式插花在传统插花理论的浸润下，在现代文化生活环境下，延续并派生出来。随着工业技术的发展，新技术、新材料的出现使现代花艺设计中对花材的选择范围更加广泛。再加上受现代抽象派绘画与雕塑的影响，创作手法上不在意植物的自然生活规律，而将植物的枝、叶、花、果等均视为艺术构图的点、线、面、块要素来应用，或以极其简单的形态表现单纯美、动态美；或以纵、横的线条表现一种优雅的韵律美，将现代人的意志及对美的追求坦率地表现于作品中。传统插花艺术注重和谐，而现代花艺强调对比，常采用醒目的线条、强烈的色彩、光影的变化来突出色彩、质感、形状的强烈对比，以达到视觉上的震撼与冲击。

（3）传统与现代相结合 "传统不是一尊不动的石像，而是生命洋溢的"。在全球一体化的今天，随着科学技术的发展，信息的传播，区域之间的距离逐渐缩短，文化交流日益密切，同一艺术在表现技法上距离越来越小。但作为艺术，凝结在同一艺术中不同的风格，是地域"语言"即民族异质性的彰显，是一种民族文化的烙印。把异彩纷呈的文化符号融入现代自由式插花的设计理念中，用现代的插花技法演绎传统文化，把传统插花艺术在当代文化艺术的个性和形式转换为现实的公共性语境，体现出大众关怀与人文追求，是现代自由式插花发展的方向。

2. 现代自由式插花表现技法

随着现代插花创作的发展，原有的插花造型手法已不能满足创作需求，于是出现了一些新的技艺与造型手法，以适应人们现代生活审美观日新月异的变化。与时俱进的创作理念带来不断求新求异的创作技法，演绎出插花艺术更丰富的内涵，展现出现代花艺令人心动的新貌。

（1）铺陈设计（图3-88）

1）设计理念：铺陈也称为平铺陈设，此名由珠宝设计术语而来，指将所有相同大小的宝石紧密并镶饰于底部，表面光滑没有任何突出物，来表现珠宝连续的表面效果。铺陈的珠宝设计理念源自于大自然中绽放的鲜花。如今，花艺师们反过来借用珠宝设计的这种理念，创造出新的插花表现技巧：将每一种花艺素材紧密相连，覆盖于某一特定范围表面。铺陈的花艺设计是掩盖花泥、进行铺底装饰的最好技巧。

2）设计技巧：①最适宜选用块面形状的花材来表现铺陈设计；②利用花材的色彩或质感的变化来设计造型，避免作品产生平铺单调的缺憾。在实际应用中，可在同一区域内使用同一种类、同一大小的花材，在不同区域之间用不同质地、色彩的花材来进行分隔变化。

（2）组群设计（图3-89）

1）设计理念：指模仿自然界花卉植物群聚生长的自然姿态，将同种类、同色系的花材集中起来，形成一个个群集，每一个群集形成一组，多个组构成一体，即形成组群。组群是一种可以欣赏不同花材的形态、色彩和质感的花艺造型。

图3-88 铺陈设计

图3-89 组群设计

在组群设计中，组与组之间要留有空间，花材高低错落，形成一种有组织、有计划的安排，但不能在同一组中出现不同种类或异色。组群设计具有多样性，设计手法可采取放射状、平行状、宝塔状等。多层组群可由上而下、由内而外来确定组群关系。每组花材之间不留空隙，以大色块来进行设计。

2）设计技巧：①要切记自然界花卉群聚生长的特点；②由中心点任何一点向外放射，将花材一组一组地构成自然形态；③以线状和团块状花材进行相互组群为佳；④以多组不同花材的造型、色彩、质感进行组群设计；⑤用同一季节开花的材料来组群更能表现花卉的自然属性。

（3）平行线设计（图3-90）

1）设计理念：平行线造型设计是荷兰花艺家安德鲁·汉德森在1960年提出的新设计观念，指花艺作品中大部分花材以平行状排列表现，此理念是模拟自然界植物向阳丛生的习性，如同森林中一直保持直立生长的林木，它的意义在于诠释自然，让人们重新放眼自然之美。整齐一致的平行线设计插花显得较时髦，非常吸引人，适宜装饰一些时尚橱窗及作为公共场所的隔断。

2）设计技巧：①运用的花材要求茎干较直，并具有一定长度，大部分鲜切花及叶材均适宜；②平行线设计必须使每一组花材的主轴由底部到顶端保持平行距离，呈现平行的状态，否则会失去平行关系；③平行线设计有垂直平行、倾斜平行、对角平行、水平平行四种设计手法，垂直平行线应用得较普遍具有上下无限延伸的感觉，比较庄重稳健，水平平行线常见于一些壁挂作品中体现潺潺流水的韵律，倾斜平行线好似一群南飞的大雁，给人极强的动感与方向感；④设计中每种花材都要有自己的生长点，用两组以上的组群手法来表现平行线设计时，每一组之间必须保留一定的空间距离，花材的表情以向阳为佳；⑤依据花材材质与特性，分为自然式与装饰性两种设计手法；⑥要表现自然式的平行设计，在每一组花材的高度上略有差别即可，主要诠释并符合自然的生态感，基底可用石头、苔藓来铺垫表现地表的象征意义。

（4）层叠设计（图3-91）

1）设计理念：把平面状的花或叶，一片片重叠在一起，每片之间的空隙较小，可以采用平面平铺的技巧表现层次美感，有如鸟儿浓密的羽毛；也可应用于创造三维立体质感设计中，表现花材重叠后体与量的美感；还常用于作品最底部遮掩花泥。

2）设计技巧：①要有数量较多的花或叶进行层叠；②面状的花材是表现层叠最适宜的材料。

图3-90　平行线设计　　　　　　图3-91　层叠设计

（5）捆绑设计（图3-92）

1）设计理念：捆绑是指为了不使花材显得过于单薄，而将一定数量、姿态整齐的相同花材的茎干集中捆绑成束，用以增加花材的质量感和力度。捆绑的手法自由，没有特定的形式，要根据实际需要装饰使用。绑的材料可以选用植物藤蔓也可以选用线、绳、绿铁丝、缎带等，把花梗或花茎捆绑固定，或者绑扎成插花构架，起到装饰效果。

2）设计技巧：①将至少3枝以上的相同花材聚集，表现花朵的密集美与花梗的质感美；②为凸显捆绑的技巧，花材茎干上的叶片应处理掉，下部空间以铺陈或群聚处理为佳，使整个造型的纵横空间形成强烈的力量对比，更能彰显捆绑力量给人所带来的现代节奏感；③以装饰为目的，强调捆绑的材料并把装饰缠绕位作为作品的焦点时，可以不受茎干数量或部位的限制，由上端捆绑并等间隔缠绕花梗装饰。

（6）透视设计（图3-93）

1）设计理念：中国古典园林常用虚隔技巧表现"旷望极高深"的透、漏景观，呈现出空间层次的朦胧美感，现代花艺的透视设计理念便来自于此。花艺中的透视设计是用线形花材或其他线形材料，以层层重叠的方式相互交错，创造空间，来表现空间层次的立体感、朦胧感、通透感。透视具有立体的、多层次的展示效果。透视手法中一般使用的花材以细长条状花材、叶材为主，特别是外层结构选用的材料更应该纤细、柔软，将它们插在主花体之外围既不掩盖也能达到透视的效果。

2）设计技巧：①为了充分表现透视设计的技巧，尽量选择具有线条弧度种类的花材；②利用柔软的茎干或蔓藤类来进行缠绕使作品产生可以透视的空间感，也可利用金属线来进行透视设计使作品具有华丽的质感。

图3-92　捆绑设计

图3-93　透视设计

（7）加框设计（图3-94）

1）设计理念：框会让人想到平面构成里艺术画作的画框，也更让人联想到中国古典园林建筑中"尺幅窗、无心画"呈现出的框景空间之美，现代花艺的加框设计理念正是出于此。把传统审美理念应用于现代花艺，产生了"四面皆实，独虚其中"营造视觉焦点的加框设计技巧。花艺里的加框设计就是在花型外面加上框架来设计边界，界内成为被关注的区域，边界可采用全部或部分框住，如一幅画的画框。框的使用材质很多，所用素材都应选择线条感明显、框架结构突出的材料。除了用非植物材料，如现成的画框、金属、塑料等外，还可运用线形植物素材来给作品设框，如柳条、藤条等。框的外形丰富多样，有方形、圆形、扇形、菱形等。

2）设计技巧：①加框的线条材料每组以2～3条最适宜；②框与框界内的造型要处理好虚实关系，框内作品要留下较大的空间；③框内作品的重心不宜在框内的中心位置上布局。

（8）架构设计（图3-95）

1）设计理念：架构设计理念来自建筑物的脚手架。现代花艺中的架构技法就是用天然或人工的材料预先制成一定造型的"架子"，作为插置花材的主体，其他各类花材和辅助材料都在这个架子中进行组合。架构设计的花艺作品一般由支撑骨架与附着其上的花艺两部分构成。架构常使用竹子、柽柳等植物材料搭建骨架，也可使用非植物材料如钢管、玻璃等来进行构建。架构的造型可以是规整的也可以是随意的，如篱笆状、网状、框状、团状等。

图 3-94　加框设计

图 3-95　架构设计

2）设计技巧：①作品的稳定性是一切的基础；②构架的花艺作品一般体量相对较大；③结构上除了要求稳固外，还要注意到各个组成部分的联接固定问题；④骨架与花艺主体的花材与手法要相协调。

【课后训练】完成实训项目十

实训项目十　西方式插花的制作

一、实训目的

1）了解西方式插花的技术要点，理解西方插花的构思要求。
2）掌握西方插花的基本创作过程，掌握西方式插花的插作技巧。

二、实训工具材料

1）器皿：插花瓶、花盆、针盘等。
2）花材：根据时令花材选择创作所需的种类及数量。
3）辅助材料：花泥、花插（剑山）、铁丝、绿胶带等。
4）工具：花刀、花剪、钳子等。

三、实训成果要求

1）插作前的准备：花器的选择及花材固定材料。
2）按构图要求依顺序插入骨架花、焦点花、主花、填充花等，完成造型。
3）作品保水处理，场地清理。

四、考核内容和考核方法

序号	评分项目	评分标准	分值	得分
1	花材选择	花材选择得当，花材加工处理手法正确	20	
2	作品平衡	作品放置平稳，花材插制牢固	25	
3	色彩搭配	色彩搭配合理	20	
4	花泥处理	作品中的花泥是否进行了遮掩处理	20	
5	工完清场	作品完成后工具是否进行清洁，场地是否清理	15	

参考文献

[1] 金煜. 园林植物景观设计 [M]. 沈阳：辽宁科学技术出版社，2008.

[2] 杨丽琼，肖雍琴. 园林植物景观营造与维护 [M]. 成都：西南交大出版社，2013.

[3] 宁研研，段晓鹃. 园林植物造景 [M]. 重庆：重庆大学出版社，2014.

[4] 张金锋. 绿化种植设计 [M]. 北京：机械工业出版社，2007.

[5] 杰瑞·哈勃，大卫·史蒂芬. 屋顶花园——阳台与露台设计 [M]. 吴晓敏，钟山风，译. 北京：中国建筑工业出版社，2005.

[6] 黄金琦. 屋顶花园设计与营造 [M]. 北京：中国林业出版社，1994.

[7] 汪新娥. 植物配置与造景 [M]. 北京：中国农业大学出版社，2008.

[8] 苏雪痕. 植物造景 [M]. 北京：中国林业出版社，1994.

[9] 程凤环，陈月华. 滨水植物景观设计探讨 [J]. 山西建筑，2007，（4）：7-8.

[10] 何松林，毕文龙. 水生观赏植物种植设计及施工探讨 [J]. 山东林业科技，2009，（2）：73-74.

[11] 日本土木学会. 滨水景观设计 [M]. 孙逸增，译. 大连：大连理工大学出版社，2002.

[12] 丁圆. 滨水景观设计 [M]. 北京：高等教育出版社，2010.

[13] 贺晓娟. 论植物造景中的审美观 [D]. 咸阳：西北农林科技大学，2005.

[14] 郭妤. 庭院植物设计原则及应用 [J]. 中国园艺文摘，2012，（9）：101-102.

[15] 张光宁，顾永华，汪毅. 室内植物装饰 [M]. 南京：江苏科学技术出版社，2004.